電気電子工学シリーズ 6

[編集] 岡田龍雄　都甲潔　二宮保　宮尾正信

機能デバイス工学

松山公秀
圓福敬二 [著]

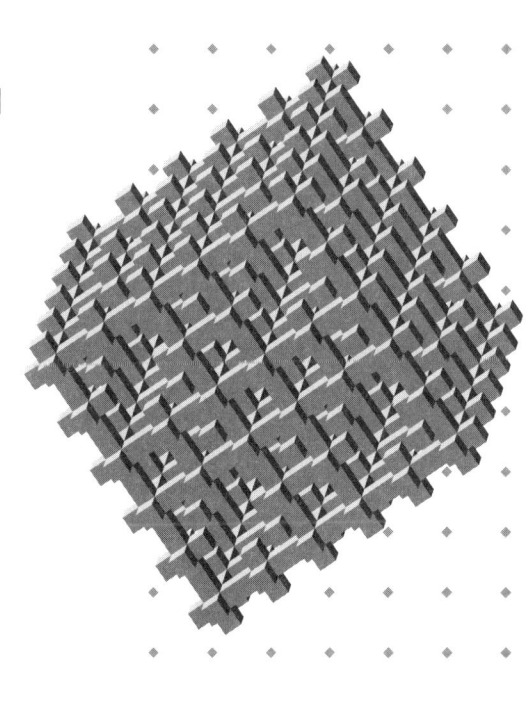

朝倉書店

〈電気電子工学シリーズ〉
シリーズ編集委員

岡田 龍雄	九州大学大学院システム情報科学研究院・教授
都甲　潔	九州大学大学院システム情報科学研究院・教授
二宮　保	九州大学名誉教授
宮尾 正信	九州大学大学院システム情報科学研究院・特任教授

執筆者

松山 公秀	九州大学大学院システム情報科学研究院・教授
圓福 敬二	九州大学大学院システム情報科学研究院・教授

まえがき

20世紀以降に目覚ましい発展を遂げた科学技術の恩恵を受け，身の回りにも様々な機能を提供してくれる便利な製品があふれている．本書では，特に電子がもつ多彩な機能を活用した機能デバイスとして，光デバイス，磁気デバイス，超伝導デバイスについて学んでいく．これらは異なるカテゴリーのデバイスであるが，その創出の背景には，量子力学，統計力学，物性論などの共通した学術基盤がある．一方，物質を加工する技術はナノ領域から原子のレベルにまで及び，各機能デバイス分野においても新規機能の発現につながっている．

第1章「機能デバイスの基礎」では，以降の章で述べる上記の各機能デバイスの基礎となる事項を整理している．多くの読者にとっては既修得の内容とも思われるが，重要かつ各機能デバイスの動作原理の理解に不可欠と思われるため，復習の意味も含めて述べている．特に電子のもつ波動性の意味や，波動としての運動量や運動エネルギーに関する理解はデバイス設計においても重要である．固体中の結晶構造に由来するバンド構造に関しても，改めて知識を確実なものとしてほしい．

第2章「光デバイス」では，電子と光の相互作用についての基礎物理を考察するとともに，発光・受光，撮像・表示，光制御などの動作原理と機能実現のためのデバイス構造について述べている．光は数百THzに及ぶ極めて高い周波数の電磁波であることから，より多くの情報をなるべく速く伝播するという情報通信の基本要請に応えうる格好の媒体である．1970年代初頭に実現された半導体レーザの室温連続発振と低損失光ファイバーの開発により，電子工学と光学が融合したオプトエレクトロニクスへの道が開かれ，今日の光通信技術や光情報処理技術の発展へとつながっている．光は2次元的な視覚情報やエネルギー伝達の媒体でもあり，各々，撮像デバイス，表示デバイス，太陽電池などの各節で解説している．

第3章「磁性体デバイス」では，電子の磁気モーメントとしての機能が，電気エネルギー変換，電子回路の受動素子，記憶デバイスなどの幅広い分野で活用されていることを学ぶ．磁性体物理や磁気工学は長い歴史のある研究分野であるが，

未解明の部分も多く，今なお新しい研究分野が次々に切り拓かれている．本章ではまず，物質の磁気的性質である強磁性が，実は電子どうしの電気的なクーロン相互作用に起因することなどをはじめとして，磁気物性の基礎について理解を深める．磁気デバイスの機能向上は，それに適した材料の開発に負うところが大である．3.2節では，応用上最も重要な磁気異方性を用途に応じて最適化することで開発された，様々な磁性材料について述べる．磁性体では数nmという原子オーダーの微小領域の磁気モーメントの方向を安定に維持することも可能であり，これを利用したハードディスクの高密度化技術について3.3節で述べている．1988年には，電子の運動が磁性によって著しく変化する巨大磁気抵抗効果が発見され，これを契機として創出されたスピンエレクトロニクスと呼ばれる新しい技術分野については，最近の話題も含め3.4節で解説している．

第4章「超伝導デバイス」においては，2つの電子が結晶格子との相互作用により結合し，クーパー対と呼ばれる通常の電子とは全く異なる粒子が形成され，これにより電気抵抗0という特異な電気伝導特性が発現することを述べている．1986年の高温超伝導の発見により，実用的観点からの注目も高まっている．誘導放出という発光機構により光子の位相が揃っているのがレーザであるが，超伝導ではこれと同様のことが物質波である電子の位相で起こっている．超伝導は，マクロなサイズで電子の位相が揃うことから巨視的量子効果とも呼ばれ，脳磁界検出も可能な超高感度磁気センサや，抵抗損失が皆無に等しいことを利用した超低消費電力デバイスの開発が推進されている．

2014年8月

松山公秀
圓福敬二

目　　次

1. 機能デバイスの基礎 …………………………………………… 1
   1.1　量子力学の基礎　1
   1.2　自由電子近似　2
   1.3　ポテンシャル場中の電子　5
   1.4　固体の結晶構造　6

2. 光デバイス …………………………………………………… 10
   2.1　光の基本特性　10
     2.1.1　光の波動的性質　10
     2.1.2　光と物質との相互作用　13
   2.2　光の吸収と発光　15
     2.2.1　光吸収機構　15
     2.2.2　発光機構　18
   2.3　発光デバイス　21
     2.3.1　エレクトロルミネッセンス（EL）デバイス　21
     2.3.2　発光ダイオード（LED）　22
     2.3.3　半導体レーザ（LD）　24
   2.4　表示デバイス　28
     2.4.1　液晶ディスプレイ　28
     2.4.2　有機ELディスプレイ　30
   2.5　受光デバイス　33
     2.5.1　受光デバイスの動作原理　33
     2.5.2　フォトダイオード，フォトトランジスタ　34
     2.5.3　撮像デバイス　35
     2.5.4　太陽電池　37
   2.6　光制御デバイス　39

      2.6.1 光導波路　39
      2.6.2 電気光学型光変調器　41
      2.6.3 音響光学型光変調器　43

3. 磁性体デバイス　46
  3.1 磁気物性　46
      3.1.1 磁気モーメント　46
      3.1.2 原子の磁性　49
      3.1.3 物質の磁性　56
      3.1.4 磁化過程　62
  3.2 磁性材料　75
      3.2.1 ソフト磁性材料　75
      3.2.2 ハード磁性材料　79
  3.3 磁気記録技術　81
      3.3.1 磁気記録の原理　81
      3.3.2 高密度磁気記録技術　84
  3.4 スピントロニクス　86
      3.4.1 スピン依存型電気伝導　86
      3.4.2 スピントランスファートルク　90

4. 超伝導デバイス　94
  4.1 超伝導物性　94
      4.1.1 完全導電性　94
      4.1.2 超伝導電子対　96
      4.1.3 ロンドン方程式　97
      4.1.4 マイスナー効果　98
      4.1.5 磁束の量子化　100
      4.1.6 二流体モデル　102
      4.1.7 高周波損失　103
  4.2 ジョセフソン接合　105
      4.2.1 トンネル電流　106

4.2.2　RSJ モデル　108
　4.2.3　直流電流-電圧特性　109
　4.2.4　最大ゼロ電圧電流の磁界依存性　111
　4.2.5　電磁波に対する応答　112
4.3　SQUID　115
　4.3.1　rf SQUID　116
　4.3.2　dc SQUID　117
4.4　超伝導デバイス　120
　4.4.1　光・X 線検出器　120
　4.4.2　マイクロ波フィルタ　122
　4.4.3　電圧標準　123
　4.4.4　ミリ波・サブミリ波検出器　123
　4.4.5　SQUID センサ　124
　4.4.6　SFQ ディジタル回路　132

演習問題解答 …………………………………………………… 136
索　　引 ………………………………………………………… 145

1. 機能デバイスの基礎

　本章では，以下の各章で扱う様々な機能デバイスの動作原理を理解するのに不可欠である，固体内の電子状態について概説する．特に電子の波動性に関する理解は重要であり，その基礎となる量子力学の考え方をデバイス応用の視点から概観する．ここでは電子の波動性を表す支配方程式であるシュレディンガー方程式に基づいて，電子状態を表す波動関数の物理的な意味づけを整理しながら，電子が波としてもつ運動量や運動エネルギーについての理解を深めていく．固体中の電子は原子およびその周期配列構造（結晶格子）との相互作用を通して，磁性の要因となる角運動量，光とのエネルギー授受に関わるバンドギャップ，超伝導の要因となる電子対（クーパーペア）など，多彩な電子物性を発現している．これらは各々次章以下で学んでいく，光デバイス，磁気デバイス，超伝導デバイス機能の発現へとつながっており，デバイスの動作原理の基礎およびその機能向上に向けて推進されてきた技術開発の流れを理解するためにも不可欠である．

1.1　量子力学の基礎

　ミクロな領域での電子状態は波動関数 $\psi(x, y, z)$ により表される．波動関数の値は複素数で表され，位置座標 (x, y, z) の微小体積 $dxdydz$ 内に電子を観測できる確率が，ψ の絶対値の二乗($|\psi|^2$)に $dxdydz$ を掛けた値となることを表している．全空間に渡って観測を行えば，どこかで観測される確率は 1 であるから，

$$\iiint \psi(x, y, z)\, dxdydz = 1 \qquad (1.1)$$

となる．上式を満たすように ψ の係数を定めることを波動関数の規格化という．

　時間変化も考慮した波動関数 $\varphi(x, y, z, t)$ を与えるシュレディンガー方程式は，

$$H\varphi = -ih\frac{\partial \varphi}{\partial t} \qquad (1.2)$$

のように表される．ここで，Hはハミルトン演算子と呼ばれ，運動量と位置座標で表したエネルギーを微分などの演算子で表現したものである．代表的な物理量と演算子との対応関係を以下に示す．

$$\text{運動量} \quad p_x = -i\hbar \frac{\partial}{\partial x}, \quad p_y = -i\hbar \frac{\partial}{\partial y}, \quad p_z = -i\hbar \frac{\partial}{\partial z} \tag{1.3}$$

$$\boldsymbol{P} = -i\hbar \nabla \quad \left(\nabla = -i\hbar \left(\boldsymbol{i} \frac{\partial}{\partial x} + \boldsymbol{j} \frac{\partial}{\partial y} + \boldsymbol{k} \frac{\partial}{\partial z} \right) \right) \quad (\text{3次元表記}) \tag{1.4}$$

$$\text{運動エネルギー} \quad E_k = \frac{\boldsymbol{P}^2}{2m} = -\frac{\hbar^2}{2m} \left(\frac{\partial^2}{\partial x^2} + \frac{\partial^2}{\partial y^2} + \frac{\partial^2}{\partial z^2} \right) \tag{1.5}$$

$$\text{エネルギー} \quad E = i\hbar \frac{\partial}{\partial t} \tag{1.6}$$

$$\text{角運動量} \quad l_x = -i\hbar \left(y \frac{\partial}{\partial z} - z \frac{\partial}{\partial y} \right), \quad l_y = -i\hbar \left(z \frac{\partial}{\partial x} - x \frac{\partial}{\partial z} \right),$$

$$l_z = -i\hbar \left(x \frac{\partial}{\partial y} - y \frac{\partial}{\partial x} \right) \tag{1.7}$$

ここで，$\hbar$は量子力学での重要な物理定数であるプランク定数（$h = 6.626 \times 10^{-34}$ [JS（ジュール秒）]）を2πで割った量である．プランク定数は，高温物体から発せられる光エネルギーの周波数依存性を説明するために導入された定数であり，光が単位となるエネルギー$h\nu$をもつエネルギー量子としての側面をもち，そのエネルギーが$nh\nu$で表される離散的な値をとることなどが示されている．

1.2 自由電子近似

時間変化を考慮した波動関数$\varphi(x, y, z, t)$を，位置座標の関数$\Psi(x, y, z)$と時間の関数$T(t)$に変数分離して$\varphi(x, y, z, t) = \Psi(x, y, z)T(t)$のように表すと，(1.2)式のシュレディンガー方程式は，

$$\frac{H\Psi(x, y, z)}{\Psi(x, y, z)} = i\hbar \frac{1}{T(t)} \frac{d}{dt} T(t) = E \tag{1.8}$$

と変形することができる．ここで，エネルギーを表す定数Eを導入すると，上式から時間と位置に関する以下の2つの微分方程式が得られる．

$$H\Psi(x, y, z) = E\Psi(x, y, z) \tag{1.9}$$

1.2 自由電子近似

$$\frac{d}{dt}T(t) = -\frac{iE}{\hbar}T(t) \tag{1.10}$$

デバイス動作などの解析では定常状態を扱う場合が多く，時間を含まない (1.9) 式が電子状態の記述によく用いられる．

まず，最も簡単な例として，外部からの影響を受けない自由電子が x 軸に沿って運動する場合について考えてみよう．このときのハミルトン演算子は運動エネルギー項のみとなり，(1.9) 式は，

$$-\frac{\hbar^2}{2m}\frac{\partial^2}{\partial x^2}\Psi(x) = E\Psi(x) \tag{1.11}$$

となる．これを解いて，

$$\Psi(x) = Ae^{ikx} + Be^{-ikx} \quad \left(k = \sqrt{\frac{2mE}{\hbar^2}},\ A, B：定数\right) \tag{1.12}$$

が求められる．また，(1.10) 式からは系の時間変化を表す関数（時間因子）として

$$T(t) = e^{-i\omega t} \quad \left(\omega = \frac{E}{\hbar}\right) \tag{1.13}$$

が与えられ，(1.12) 式と (1.13) 式から次式が導出される．

$$\varphi(x, t) = Ae^{i(kx - \omega t)} + Be^{-i(kx + \omega t)} \tag{1.14}$$

この関数は一般的な波動を表す式であり，電子が空間軸と時間軸に沿って波のように変化する様相を端的に示している．

一般にある演算子を関数に作用させると定数倍となるとき，その関数を演算子の固有関数，定数を固有値という．波動関数はハミルトン演算子に対する固有関数であり，エネルギーが固有値になっている．(1.3)，(1.5) 式に示した運動量および運動エネルギーの演算子を (1.14) 式に作用させると，運動量の固有値 $\hbar k$，運動エネルギーの固有値 $(\hbar k)^2/2m$ が得られる．

ここで，波動関数の量子性を表すため，図 1.1 に示すような周期 L の境界条件を設定してみる．このとき波動関数で表される電子波の波長 λ は，$n\lambda = L$（n：整数）を満たす離散的な値のみが許され，波数 k（$= 2\pi/\lambda$）の値も $2\pi n/L$ に離散化される．電子はパウリの排他律に従うため，各々の離散値 k に対応する状態には up スピンと down スピンの 2 電子のみが入ることを許される．スピンは電子自身がもつ磁石のような磁気的な性質（磁気モーメント）を表す量であり，磁気モーメントが上向きと下向きの 2 種類に区分される．横向きの磁気モーメントというの

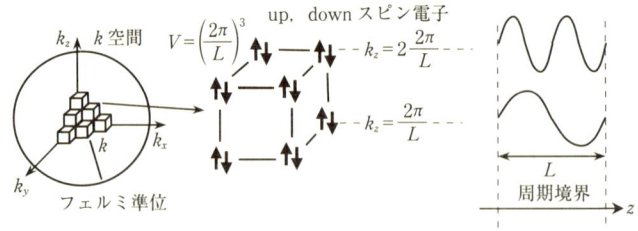

図 1.1 波数空間における電子状態
周期境界条件により，電子波の波長が離散化され各状態には up スピンと down スピンの 2 電子が配置される．

も考えられそうだが，これは up スピン状態と down スピン状態の重ね合わせで表される（磁気モーメントやスピンについては 3.1 節で詳しく述べる）．波数の直交軸成分 k_x, k_y, k_z を座標軸にとった k 空間上では，自由電子の電子状態は辺長 $2\pi/L$ の立方格子の頂点位置で表され，1 つの頂点位置に up スピンと down スピンの 2 電子が配置される．エネルギーは k^2 に比例するので，原点から外に向かって各格子位置に収容される．固体中には多数の電子が存在するため，k 空間において電子に占められた部分の表面はほぼ球面（フェルミ面）となり，そのフェルミ面上の電子のエネルギーをフェルミ準位と呼ぶ．

いま，波数 k 以下の電子数を N とすると，各状態には 2 電子が収容されるため状態数は $N/2$ である．k 空間における半径 k の球体の体積と，状態数×立方格子体積が近似的に等しいことから $4\pi k^3/3 = (2\pi/L)^3 (N/2)$ の関係があり，また $k = \sqrt{2mE/\hbar^2}$ であるので，電子数 N および電子数密度 $n = N/L^3$ がエネルギー E の関数として次式のように表される．

$$N(E) = \frac{L^3}{3\pi^2} \left(\frac{2mE}{\hbar^2} \right)^{\frac{3}{2}} \tag{1.15}$$

$$n(E) = \frac{1}{3\pi^2} \left(\frac{2mE}{\hbar^2} \right)^{\frac{3}{2}} \tag{1.16}$$

(1.16) 式をエネルギーで微分することにより，各エネルギー準位あたりの電子数，すなわち電子状態密度が次式のように導出される．

$$D(E) = \frac{dn(E)}{dE} = \frac{1}{2\pi^2} \left(\frac{2m}{\hbar^2} \right)^{\frac{3}{2}} E^{\frac{1}{2}} \tag{1.17}$$

1.3 ポテンシャル場中の電子

固体中の電子には，イオンや他の電子からのクーロン相互作用により，位置座標に依存したポテンシャルエネルギー項が生じる．この項を考慮したシュレディンガー方程式は，1次元，3次元形式の各々について次式のように表される．

$$\left(-\frac{\hbar^2}{2m}\frac{\partial^2}{\partial x^2}+V(x)\right)\psi(x)=E\psi(x) \tag{1.18}$$

$$\left(-\frac{\hbar^2}{2m}\nabla^2+V(r)\right)\psi(r)=E\psi(r) \tag{1.19}$$

例えば水素原子の問題では，原子核と電子との間のクーロン相互作用は $V(r)=-e^2/4\pi\varepsilon_0 r$ であり，シュレディンガー方程式より離散的なエネルギー準位

$$E_n=\frac{me^4}{8\varepsilon_0^2 n^2 h^2} \qquad (n=1, 2, \cdots) \tag{1.20}$$

が求められる．

結晶固体中の電子の状態を記述する際には，ポテンシャルエネルギーは結晶格子間隔 a を周期とする周期ポテンシャル $v(x+a)=v(x)$ となる．これを反映して波動関数も周期関数となり，1次元表示では次式のように表される．

$$\psi(x)=Ae^{ikx}u(x) \qquad (u(x+a)=u(x)) \tag{1.21}$$

自由電子近似の場合と同様の波動関数 e^{ikx} が格子定数 a を周期とする周期関数 $u(x)$ で変調されており，このような状態の電子をブロッホ電子，(1.21) 式の波動関数をブロッホ関数と呼ぶ．$u(x)$ は，原子の近傍では孤立した原子の波動関数に近い形になっている．ブロッホ電子の波数 k が π/a の整数倍となるとき，図1.2に示すように，波動関数の山谷が有限長の弦の振動のように一定位置で振動する定在波となる．この定在波には，原子の位置に山がくる場合と谷がくる場合の2通りがあり，これらは固体結晶中の原子とのクーロン相互作用エネルギーが異なるため，同一の波数に対しエネルギーが2値となる．このため波数の関数としてエネルギーを表すと，$k=n\pi/a$（n：整数）においてエネルギーにギャップが生じる．これがバンドギャップであり，光と電子の間でエネルギーのやりとりを行う光デバイスの動作においても重要な役割を果たしている．

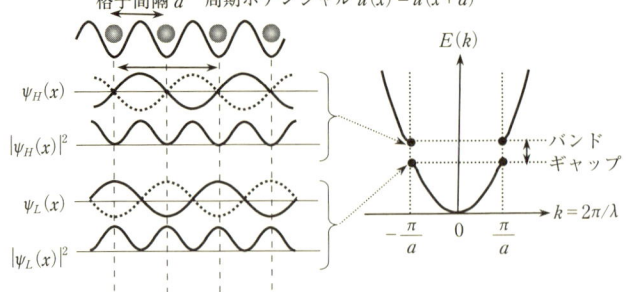

図 1.2 周期ポテンシャルによるバンドギャップ
電子波の半波長とポテンシャル周期が一致すると,エネルギーが同じで定在波の山谷位置の異なる2通りの状態をとりうる.

1.4 固体の結晶構造

　固体とは,内部エネルギーが最小となる特定の原子間距離で原子が凝集し,その配置が固定した構造である.原子間の結合機構として,イオン結合,共有結合,金属結合,ファン・デル・ワールス結合などがある.イオン結合では,電子を供給しやすい原子と電子を受容しやすい原子とがクーロン相互作用により結合している.共有結合では,隣接原子間にまたがる共通の電子軌道が形成され,そこに隣接原子から相互に最外殻電子が供給される.この共有電子と電子供与により,イオン化した原子とのクーロン相互作用が結合力となっている.金属結合では,各原子から供与された電子が特定の原子に所属せず,伝導電子として結合に関わっている.ファン・デル・ワールス結合は分子の電気分極のクーロン相互作用による分子間結合であり,結合強度は比較的弱い.

　固体の中で,特に原子が周期的に規則正しく格子上に配列した構造を結晶構造と呼ぶ.固体全体が単一の結晶構造である場合を単結晶,それ自体は単結晶構造である多数の結晶粒の集合体を多結晶と呼んでいる.また,特定の周期構造をもたずに原子が凝集した構造を非晶質という.非晶質においても,最隣接や第2隣接原子間距離には適正値が存在し,数原子間程度の短距離における秩序構造は有している.結晶構造の基本となるのは,空間的な原子配置の周期性を表す結晶格子である.図1.3に,本書で扱う各機能デバイスの材料に用いられている,代表的な格子の基本構造(単位胞)を示している.体心立方格子(bcc:body cen-

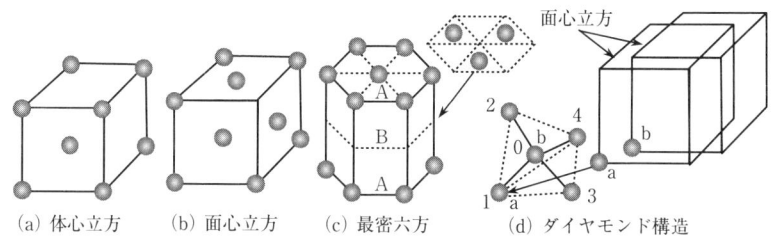

(a) 体心立方　(b) 面心立方　(c) 最密六方　(d) ダイヤモンド構造

図 1.3　機能デバイスで用いられる代表的な格子構造

tered cubic）の場合，格子頂点位置の原子は周囲の 8 個の単位胞に共有されているため，1 単位胞あたり 2 原子（$1+(1/8)\times 8$）を有している．同様に，面心立方格子（fcc：face centered cubic）では 1 単位胞に 4 原子が含まれる．原子形状を球としたときに単位胞内に収容できる最大体積と単位胞体積の比を充填率といい，体心立方格子では 0.68，面心立方格子および最密六方格子（hcp：hexagonal closed-packed）では 0.74 である．

　面心立方格子と最密六方格子は，最も充填率の高い構造（最密重点構造）であり，金属結合のように指向性のない結合による結晶構造に多くみられる．両者は球をすきまなく積み上げた構造であり，1 層目，2 層目までの構造に差異はない．3 層目の原子が 1 層目の原子の真上に配置されるのが最密六方，1 層目の原子のすきま位置に配置されるのが面心立方である．前者の原子層構造は ABAB…のような 2 層周期，後者は ABCABC…のような 3 層周期となっている．電気伝導率が高く集積回路の配線材料にも用いられる Cu，Al や，貴金属の Au，Ag，Pt などは面心立方格子である．磁気記録媒体に用いられる Co は面心立方と最密六方の両方の構造をとるが，格子構造によって磁気的な性質が著しく異なっている．代表的な磁性原子である Fe や，高融点金属の Ti，Cr，Ta，W などは体心立方格子をとる．全元素の約 60 % は，上記の 3 つの格子構造のいずれかに属している．

　半導体材料の代表格である Si や Ge は，図 1.3 (d) のように，2 つの面心立方格子を格子定数の 1/4 だけ x，y，z の 3 軸方向にずらして組み合わせた構造となっている．図中に 0，1，2，3，4 で示した 5 原子が，正 4 面体の頂点と中央に配置している．このような構造は，構成する Si や Ge などの共有結合の指向性を反映しており，ダイヤモンド構造と呼ばれる．それ自体では最密充填となる面心立方構造を基本としているが，結合の指向性のために充填率は 0.34 と小さい．光デ

バイス材料に用いられる GaAs などのⅢ-Ⅴ族化合物半導体は，ダイヤモンド構造を構成する2つの面心立方格子に各々異なる原子が配置した構造であり，閃亜鉛構造と呼ばれている．

　この他，高温超伝導体や高周波材料（フェライト）などは基本的にはイオン結合であり，多くの有機分子の結合はファン・デル・ワールス結合である．

演 習 問 題

1.1 1次元の波動関数が $A\sin(\pi/L)x$ で表され，長さ L の領域に閉じ込められているとする．規格化の条件から定数 A の値を求めよ．

1.2 演算子 $\partial/\partial x$ と演算子 $\partial^2/\partial x^2$ を波動関数 $(2-x)\exp(-x/2)$ に作用させたときの固有値を各々求めよ．

1.3 演算子 $(\partial^2/\partial x^2) - x^2$ に対して関数 $\psi(x) = \exp(-x^2/2)$ が固有関数となることを示し，その固有値を求めよ．

1.4 時間変化を考慮した波動関数が次式で表されるとき，電子の観測確率分布 $p(x, t)$ を求めよ．
$$\varphi(x, t) = \exp(-ax^2)\exp(-i\omega_1 t) + \exp(-bx^4)\exp(-i\omega_2 t)$$

1.5 周期ポテンシャル中での波道関数を表すブロッホ関数が $(1/\sqrt{2})\exp(ikx)\{1+\exp(iqx)\}$ で表されるとき，この電子状態の運動エネルギーを求めよ．

1.6 原子の形状を球と仮定することにより，体心立方格子と面心立方格子の充填率が各々 0.68，0.74 となることを示せ．

2. 光デバイス

　本章では，まず光が特定波長域の電磁波として示す波動的性質と，主としてその電界成分を介した物質との相互作用について 2.1 節で説明する．光の電界成分が誘引する物質の電気分極は基本的な光物性であり，光の屈折や偏光変化を通じて光の制御技術にも応用されている．2.2 節では，半導体のバンドギャップを舞台とした光と電子とのエネルギーのやりとり，すなわち光吸収と発光の基礎物理について考察する．2.3 節では，加速電子と pn 接合への注入電子という異なる発光機構を利用しているエレクトロルミネッセンスデバイスと発光ダイオードの動作原理，デバイス構造について述べる．さらに，光通信や光情報処理で必要な，波動として位相の揃った光放出が可能な半導体レーザについて学ぶ．情報機器と人とのインターフェースとして重要な表示デバイスについては，新しい技術である有機 EL を含め 2.4 節で述べる．発光デバイスとは逆に，光のエネルギーを電子系のエネルギーに変換して機能動作を行う種々の受光デバイスについては 2.5 節で学ぶ．太陽エネルギーの活用を図る太陽電池や，人の目の機能を模した撮像素子なども広義の受光デバイスととらえ，本節に含めている．2.6 節では，急速に成長しつつある光通信分野において重要な要素機能である光の導波デバイス（光ファイバー）や，電気光学効果，音響光学効果を利用した高速光制御技術について解説する．

2.1 光の基本特性

2.1.1 光の波動的性質

　光は，図 2.1 のように伝播方向と直交する方向に電界 E と磁界 H が振動する電磁波であり，特に肉眼で見える波長帯域（約 400〜700 nm）の電磁波が可視光である．表 2.1 に示すように，可視光より長い波長の電磁波としては電波，赤外

2.1 光の基本特性

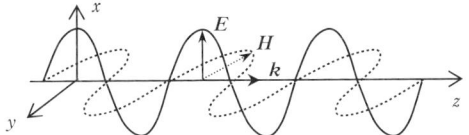

図2.1 光波の伝播
電界ベクトル E, 磁界ベクトル H, 光波の進行方向 k は互いに直交し，$k \times E = \omega\mu_0 H$, $k \times H = -\omega\varepsilon_0 E$ の関係を満たす．

表2.1 波長による電磁波の分類

	波長	周波数
電波	3 km～0.3 mm	30 kHz～300 GHz
赤外線	0.3 mm～700 nm	300 GHz～400 THz
可視光	700～400 nm	400～750 THz
紫外線	400～30 nm	750 THz～10^{16} Hz
X線	30～0.003 nm	10^{16}～10^{20} Hz
γ線	3×10^{-12}～3×10^{-17} nm	10^{20}～10^{25} Hz

色	波長（nm）
赤～黄赤	780～584
黄～黄緑	584～548
緑～青緑	548～485
青～青紫	485～380

線があり，短波長側には紫外線，X線，γ線がある．赤から青紫に至る可視光の色は波長によって決まる．

光が波動として真空中や物質中を伝播する様子は，電磁場を記述するマクスウェル方程式により次式のように記述される．

$$E(z, t) = E_0 \exp\{i(kz - \omega t)\} \quad (2.1)$$

$$H(z, t) = H_0 \exp\{i(kz - \omega t)\} \quad (2.2)$$

上式で波数 k は，真空の誘電率 ε_0, 透磁率 μ_0, 物質の比誘電率 ε_r, 比透磁率 μ_r により $k = \omega\sqrt{\varepsilon_0\varepsilon_r\mu_0\mu_r} = k_0\sqrt{\varepsilon_r\mu_r}$ と表される．この式は，物質中での光波の波数が真空中での値（$k_0 = \omega\sqrt{\varepsilon_0\mu_0}$）の $\sqrt{\varepsilon_r\mu_r}$ 倍となることを示している．すなわち，光の位相速度（ω/k）が物質中では光速（$1/\sqrt{\varepsilon_0\mu_0}$）に比べ $1/\sqrt{\varepsilon_r\mu_r}$ だけ遅くなることを意味している．光のような高い振動数領域では光波の磁界成分に対する物質の磁気的な応答は小さいため，$\mu_r \approx 1$ と近似でき，真空中と物質中の位相速度比の逆数を表す屈折率 n は $\sqrt{\varepsilon_r}$ となる．

一般に，比誘電率と屈折率は複素数で表される（複素誘電率 $\tilde{\varepsilon}_r = \varepsilon' + i\varepsilon''$, 複素

屈折率 $\tilde{n} = n + i\kappa$．$\tilde{n}^2 = \tilde{\varepsilon}_r$ より，複素屈折率と複素誘電率の各実数成分，虚数成分の間には以下の関係式が成り立つ．

$$\varepsilon' = n^2 - \kappa^2 \tag{2.3}$$

$$\varepsilon'' = 2n\kappa \tag{2.4}$$

光波の電気的エネルギー I は，複素屈折率により次式のように表される．

$$I \propto |\mathrm{E}|^2 = |E_0 \exp\{i(k_0(n+i\kappa)z - \omega t)\}|^2 = |E_0|^2 \exp(-2k_0\kappa)z = I_0 \exp(-\alpha z) \tag{2.5}$$

上式はランバート（Lambert）の式と呼ばれ，光波が物質中を伝播する際のエネルギーが伝播距離 z に対して指数関数的に減衰し，その減衰の度合いが屈折率の虚数成分 κ に依存することを示している．この意味で κ は消衰係数と呼ばれる．また，上式の α は光波のエネルギーが物質中で失われて $1/e$ に減少するまでの伝播距離（光吸収深さ）の逆数を表しており，吸収係数と呼ばれる．

電界の振動方向は，一般には次式のような直交する 2 成分ベクトル E_x, E_y の合成ベクトルとして表現される．

$$\boldsymbol{E}_x + \boldsymbol{E}_y = E_x \boldsymbol{i} + E_y \boldsymbol{j} = E_{x0} \exp\{(i(kz - \omega t + \varphi_x)\}\boldsymbol{i} + E_{y0} \exp\{(i(kz - \omega t + \varphi_y)\}\boldsymbol{j} \tag{2.6}$$

各成分間の位相差 φ $(= \varphi_x - \varphi_y)$ によって，振動方向の変化の様子である偏光状態が異なる．(2.6) 式より，E_x と E_y の間の関係式として次式が導かれる．

$$\left(\frac{E_x}{E_{x0}}\right)^2 + \left(\frac{E_y}{E_{y0}}\right)^2 - 2\left(\frac{E_x E_y}{E_{x0} E_{y0}}\right)^2 \cos\varphi = \sin^2\varphi \tag{2.7}$$

図 2.2 に示されるように，$\varphi = 0$ の場合には電界ベクトルの軌跡が直線状，$0 < \varphi \leq \pi/2$ では楕円状となり，各々，直線偏光，楕円偏光と呼ばれる．特に，E_x, E_y の

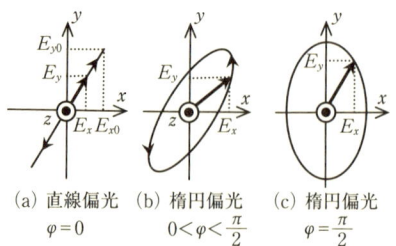

(a) 直線偏光　(b) 楕円偏光　(c) 楕円偏光
$\varphi = 0$　　$0 < \varphi < \frac{\pi}{2}$　$\varphi = \frac{\pi}{2}$

図 2.2 光波の偏光状態
電界の 2 方向成分 E_x, E_y 間の位相差 φ に依存して光波の偏光状態が変化する．

振幅が等しい場合には円偏光となる.

2.1.2 光と物質との相互作用

原子核の周りの軌道電子は,図2.3 (a) に示すように,光の電界成分からクーロン力を受けてもとの安定位置から変位し電子分極を生じる.イオン結合した固体では,図2.3 (b) のように正負のイオンが互いに逆向きに変異して電気分極を生じる.角周波数 ω の電界 $E = E_0 \exp(-\omega t)$ を印加したときの電子やイオンの変位量 x を表す運動方程式は,次式のように表される.

$$m\frac{d^2 x}{dt^2} + mr\frac{dx}{dt} + m\omega_0^2 x = eE_0 e^{-i\omega t} \tag{2.8}$$

上式左辺の第2項は制動項であり,r が摩擦係数に相当する.第3項は安定位置への復元力を表し,ω_0 は電界を印加しない状態での固有振動の角周波数を表す.電界の印加による電気分極 P は,この式から求められる x と単位体積あたりの電子数 n により $P = -nex$ と表される.また,$D = \varepsilon_0 E + P = \varepsilon_0 \tilde{\varepsilon}_r E = \varepsilon_0 (\varepsilon' + \varepsilon'') E$ より次式が導かれる.

$$\varepsilon' = 1 - \frac{A(\omega^2 - \omega_0^2)}{(\omega^2 - \omega_0^2) + (\omega/\tau)^2} \tag{2.9}$$

$$\varepsilon' = \frac{A(\omega/\tau)}{(\omega^2 - \omega_0^2) + (\omega/\tau)^2} \tag{2.10}$$

上式で表される誘電率の角周波数依存性を図2.3 (c) に示す.ある周波数以上では誘電率の実数部が負の値をとり,誘電率の虚数部が最大値をとる角周波数で実数部は0となる.このような周波数依存性は共鳴型分散と呼ばれる.誘電体は,

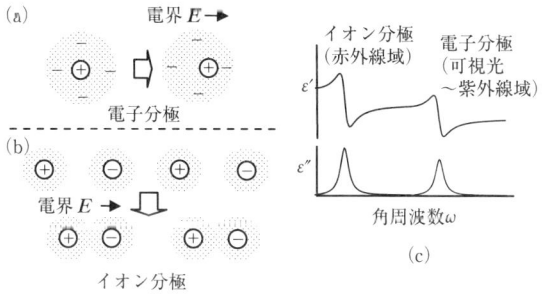

図2.3　電気分極の機構と誘電率の周波数依存性

こういった電気分極の共鳴的な振動を通して特定周波数の光エネルギーを強く吸収する．光照射を停止した後の電気分極の振動運動は，$\exp(-rt)$ で表される指数関数的な減衰を示す．一方，誘電率の虚数部の周波数異存性にみられる共鳴ピークの半値幅は r に比例する．すなわち，鋭い共鳴吸収ピークを示す誘電体は，光照射により励起された電気分極振動の寿命が長いことを示している．

　結晶構造が非対称性である場合には，誘電率が光波の振動方向によって異なる．この場合の誘電率は行列で表現されるが，座標軸を適当に選ぶことにより次式のように対角化することができる．

$$\begin{pmatrix} D_x \\ D_y \\ D_z \end{pmatrix} = \varepsilon_0 \begin{pmatrix} \varepsilon_{xx} & 0 & 0 \\ 0 & \varepsilon_{yy} & 0 \\ 0 & 0 & \varepsilon_{zz} \end{pmatrix} \begin{pmatrix} E_x \\ E_y \\ E_z \end{pmatrix} \quad (2.11)$$

このような座標軸は結晶構造の対称軸に対応しており，主誘電率軸と呼ばれる．各主誘電率軸への光の振動電界成分に対する屈折率 $n_x = \sqrt{\varepsilon_{xx}}$, $n_y = \sqrt{\varepsilon_{yy}}$, $n_z = \sqrt{\varepsilon_{zz}}$ を主屈折率と呼ぶ．

　立方晶のように x, y, z 方向に対称な構造では $\varepsilon_{xx} = \varepsilon_{yy} = \varepsilon_{zz}$ であり，光学的性質も等方的となる．正方晶のように一軸対称性の構造の場合は $\varepsilon_{xx} = \varepsilon_{yy} \neq \varepsilon_{zz}$，また斜方晶のように二軸対称性では $\varepsilon_{xx} \neq \varepsilon_{yy} \neq \varepsilon_{zz}$ となる．これら異方性のある物質では，電界の振動方向によって屈折率が異なる（複屈折）．光が z 方向に伝播し，その電界の振動方向が x 軸から 45°傾いた直線偏光であるとき，電界の x 方向および y 方向成分は次式のように表される．

$$E_x = E_0 \exp\{(i(k_0\sqrt{\varepsilon_{xx}}z - \omega t)\}\boldsymbol{i} = E_0 \exp\{(i(k_0 n_x z - \omega t)\}\boldsymbol{i} \quad (2.12)$$

$$E_y = E_0 \exp\{(i(k_0\sqrt{\varepsilon_{yy}}z - \omega t)\}\boldsymbol{j} = E_0 \exp\{(i(k_0 n_y z - \omega t)\}\boldsymbol{j} \quad (2.13)$$

上式より，異方性のある物質中を距離 l だけ伝播したとき，E_x と E_y 間には $\varphi = k_0(n_x - n_y)l$ の位相差が生じることがわかる．したがって，φ が $\pi/2$ となるような l を厚さとする誘電体を光が伝播すると，直線偏光が円偏光に変わる．また φ が π のときには，直線偏光の偏光方向が 90°回転する．このような誘電体は $\lambda/4$ 波長板，$\lambda/2$ 波長板と呼ばれ，光の偏光制御用として水晶などが用いられている．

　任意の方向への光波の伝播特性を一般的に扱う際には，次式で表される屈折率楕円体を用いるのが便利である．

$$\frac{1}{n_x^2} + \frac{1}{n_y^2} + \frac{1}{n_z^2} = 1 \quad (2.14)$$

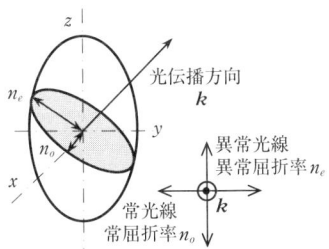

図 2.4　屈折率楕円体により表した光伝播方向と屈折率の関係

図 2.4 には，屈折率楕円体上に表した光波伝播方向と屈折率を示している．軸対称性の材料では，原点を通り光の伝播方向 k に垂直な面が，上式で表される楕円体を切る断面は楕円になる．この楕円の長軸および短軸の方向が，光波電界成分の振動方向となる．電界が長軸方向へ振動する光を異常光線，短軸方向へ振動する光は常光線と呼び，各主軸の長さの 1/2 を各々，異常屈折率 n_e，常屈折率 n_o と称している．図からわかるように，異常屈折率は伝播方向によって異なる値をとるが，常屈折率は伝播方向に依存せず一定である．

光が磁性体中を伝播するときには，光の電界成分から力を受けて運動する電子に対して磁束密度が作用するため，運動方向と直交する向きにローレンツ力を受ける．そのため，光波の電界成分と直交する方向にも $\pi/2$ だけ位相のずれた電気分極が生じる．このとき誘電率テンソルには非対角項が生じ，D と E の関係は次式のように表される．

$$\begin{pmatrix} D_x \\ D_y \\ D_z \end{pmatrix} = \varepsilon_0 \begin{pmatrix} \varepsilon_{xx} & -i\varepsilon_{xy} & 0 \\ i\varepsilon_{xy} & \varepsilon_{yy} & 0 \\ 0 & 0 & \varepsilon_{zz} \end{pmatrix} \begin{pmatrix} E_x \\ E_y \\ E_z \end{pmatrix} \quad (2.15)$$

磁性体と光波の相互作用は，光を一方向のみに伝播する光アイソレータなどに応用されている．

2.2　光の吸収と発光

2.2.1　光吸収機構

光の吸収は，光波の電界成分と電子との相互作用により生じる．1.2 節で述べたシュレディンガー方程式による解析では，このような光と電子との相互作用は摂動ハミルトニアン H' としてハミルトニアンに付加される．H' 項を加えたシュ

レディンガー方程式は，電子系の波動関数の時間変化を記述し，光吸収に伴う2状態間の状態遷移確率 $w_{kk'}$ が次式のように導出される．

$$w_{kk'} = \frac{2\pi}{h} |H_{kk'}|^2 \delta(E_{k'} - E_k - h\nu) \qquad (2.16)$$

上式で $H_{kk'}$ は摂動ハミルトニアン H' と状態遷移に関わる2状態の波動関数により求められる．また，δ関数の部分は光のエネルギー $h\nu$ （ν：光の振動数）が2状態間のエネルギー差に等しいときに共鳴的に光吸収が生じることを表している．

半導体にバンドギャップ E_g より大きなエネルギーの光が照射されると，上記の機構により光のエネルギー $h\nu$ が，価電子帯から伝導帯への励起に使われ光吸収が起きる．例えば，1 eV（$= 1.61 \times 10^{-19}$ J）のバンドギャップをもつ半導体で光吸収が起きる光波長 λ は，光速 c（$= 3.0 \times 10^8$ m/s），プランク定数 h（$= 6.62 \times 10^{-34}$ Js）を用いて次式で表される．

$$\lambda = \frac{c}{\nu} = \frac{ch}{E_g} = \frac{3.0 \times 10^8 \times 6.62 \times 10^{-34}}{1.6 \times 10^{-19}} = 1.24 \times 10^{-6} \text{ m} \qquad (2.17)$$

一方，電子が伝導帯から価電子帯へと遷移する際には，上式で表される波長の発光が生じる．

光デバイス材料として用いられる GaAs などの化合物半導体では，図2.5（a）に示されるようにバンド状態図上で荷電子帯の山（エネルギー準位：E_v）と伝導帯の谷（E_c）が向かい合っている．この場合，光吸収に伴う電子のバンド間遷移におけるエネルギー保存則は，遷移前後の電子のエネルギー E_i, E_f，電子質量 m_e，正孔質量 m_h，および電子と正孔の平均質量に相当する還元質量 m_r を用いて次式のように表される．

$$h\nu = E_f - E_i = \left(E_c + \frac{(\hbar k)^2}{2m_e}\right) - \left(E_v - \frac{(\hbar k)^2}{2m_h}\right) = E_g + \frac{(\hbar k)^2}{2m_r} \qquad (2.18)$$

この式は，吸収された光のエネルギーからバンドギャップのエネルギーを差し引いたエネルギー $h\nu - E_g$ が電子の運動エネルギーに変わることを示している．光吸収係数 α は，遷移前の価電子帯での電子状態密度 $D(E_i)$，遷移後の伝導体での状態密度 $D(E_f)$，および遷移確率 P に比例することから，遷移可能なエネルギーバンド範囲での状態積分より次式のように導出される．

$$\alpha(h\nu) = A(h\nu - E_g)^{\frac{1}{2}} \qquad (A：定数) \qquad (2.19)$$

Si, Ge などの半導体では，図2.5（b）に示されるように価電子帯の山と伝導

2.2 光の吸収と発光

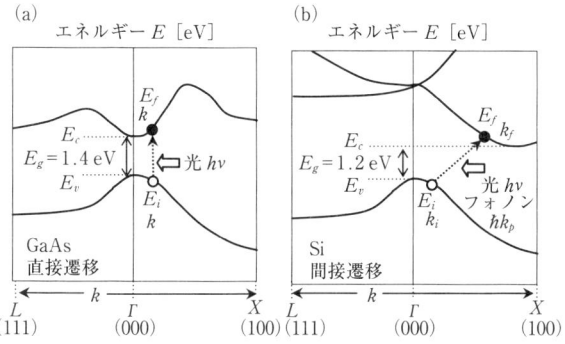

図 2.5 直接遷移型半導体と間接遷移型半導体の光吸収機構

体の谷の位置がずれており，バンド間遷移に際しては格子振動（フォノン）の吸収または放出による運動量（$\hbar k$）の補償が必要となる．このときの運動量保存則は次式で表される．

$$\hbar k_c = \hbar k_v \pm \hbar K \tag{2.20}$$

k_c, k_v, K は，各々伝導体，価電子体の電子の波数，およびフォノンの波数である．符号 +，− はフォノンの吸収と放出に対応する．間接遷移の場合の光吸収係数 α を表す式と導出の結果を以下に示す（価電子帯の頂上をエネルギーの基準（$E=0$）とする）．

$$\alpha(h\nu) \propto \int_{-(h\nu - E_g \pm E_p)}^{0} |E_i|^{\frac{1}{2}} (E_i + h\nu - E_g + E_p)^{\frac{1}{2}} dE_i \\ \propto (h\nu - E_g \pm E_p)^2 \tag{2.21}$$

上式の積分は，光吸収が次式で表される遷移前後の電子状態密度 $D(E_i)$, $D(E_f)$ の積に比例して生じることを表している．

$$D(E_i) = \frac{1}{2\pi^2 \hbar^3} (2m_h)^{\frac{3}{2}} |E_i|^{\frac{1}{2}} \tag{2.22}$$

$$D(E_f) = \frac{1}{2\pi^2 \hbar^3} (2m_e)^{\frac{3}{2}} (E_f - E_g)^{\frac{1}{2}} = \frac{1}{2\pi^2 \hbar^3} (2m_e)^{\frac{3}{2}} (E_i + h\nu - E_g \pm E_p)^{\frac{1}{2}} \tag{2.23}$$

また，フォノンの吸収，放出が起きる確率は，各々，フォノン数 N_p, $N_p + 1$ に比例する．フォノン数はボース・アインシュタイン統計に従い $N_p = 1/(e^{E_p/kT} - 1)$ と表されるので，(2.21)式と合わせてフォノン吸収（放出）を伴う光吸収係数 α_{abs}

(α_{emi}) は次式で表される.

$$\alpha_{abs}(h\nu) = A\frac{(h\nu - E_g + E_p)^2}{e^{E_p/kT} - 1} \quad (2.24)$$

$$\alpha_{emi}(h\nu) = A\frac{(h\nu - E_g - E_p)^2}{1 - e^{-E_p/kT}} \quad (2.25)$$

光吸収により励起された電子と正孔が,水素原子の電子と原子核のようにクーロン吸引力により結合し,励起子(exiton)と呼ばれる束縛状態が形成されることがある.この場合,バンドギャップよりも励起子の結合エネルギー分だけ低いエネルギーでの光吸収が起こりうる.また,不純物準位と伝導帯や価電子帯の間での遷移や,不純物準位間の遷移によってもバンドギャップ以下のエネルギーをもつ光の吸収が起きる.

2.2.2 発光機構

何らかの方法で基底状態から励起状態に遷移した電子は,時間が経つと基底状態に残された正孔と再結合してもとのエネルギー状態に戻る.このとき,光を放出する発光再結合(radiative recombination)と,格子振動として熱を放出する非発光再結合(non-radiative recombination)の2通りの再結合機構がある.直接遷移型である GaAs の発光再結合時間は数 μs であり,間接遷移型である Si の再結合時間(数時間にも及ぶ)に比べ著しく短い.高濃度にドープした n-GaAs では発光再結合時間は数 ns とさらに短く,発光デバイス材料として応用されている.励起状態から基底状態への電子遷移による発光を総称してルミネセンスと呼ぶ.励起方法として,光照射によるフォトルミネセンス,電流注入による注入型エレクトロルミネセンス,加速電子によるカソードエレクトロルミネセンスなどがある.

図2.6に示すように,電子のエネルギーは特定の原子間距離で最小となり,その値は基底状態と励起状態では異なっている.基底状態から励起され発光再結合を経て基底状態に戻るときのエネルギー変化は,図の E_1, E_2, E_3, E_4 で表される各エネルギー状態をたどる.したがって,放出されるエネルギー(E_3-E_4)は,励起エネルギー(E_1-E_2)よりも低くなる(ストークスシフト:Stockes' shift).

後節で述べる発光デバイスの基本動作となるのは,高濃度にキャリアドープされた直接遷移型半導体のバンド間電子遷移による発光再結合である.各エネルギ

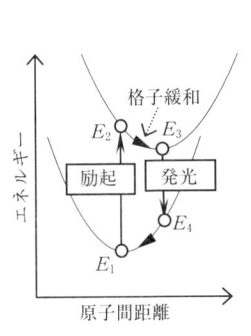
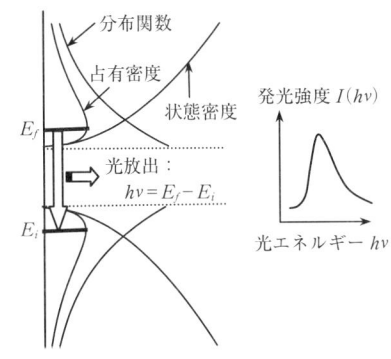

図 2.6 発光過程における構造緩和
（ストークスシフト）

図 2.7 伝導帯から価電子帯への電子遷移に伴う発光

一状態に実際に存在する電子占有密度は，電子状態密度およびボルツマン統計に従う電子分布関数の積で表され，図 2.7 左に示すように高エネルギー（絶対値）側に長いすそ引きをもつ山型の分布形状となる．発光強度 $I(h\nu)$ は，価電子帯と伝導帯における電子占有密度の積を遷移可能なエネルギー範囲内で積分することにより求められ，次式のように導出される．

$$I(h\nu) \propto \int_{E_g}^{h\nu} (E_f - E_g)^{\frac{1}{2}} e^{-\frac{E_f - E_g}{kT}} (h\nu - E_f)^{\frac{1}{2}} e^{-\frac{h\nu - E_f}{kT}} dE_f$$

$$\propto (h\nu - E_g)^{\frac{1}{2}} e^{-\frac{h\nu - E_g}{kT}} \quad (2.26)$$

発光強度の周波数依存性は，電子占有密度の分布形状を反映して，図 2.7 右に示すように高エネルギー側にすそ引きをもつ特性となる．

バンド間遷移以外の重要な発光機構として，前節で述べた励起子の再結合による発光がある．固体中を自由に運動する励起子（自由励起子）の場合，再結合により放出されるエネルギー ε_{free} は，バンドギャップ E_g，励起子を構成する電子-正孔間のクーロン相互作用による結合エネルギー E_{exc}，および励起子の運動エネルギー E_k により，$\varepsilon_{free} = E_g - E_{exc} + E_k$ と表される．自由励起子の運動エネルギーは一定でないため，発光強度は発光波長に対して広がりをもつ．励起子がドナーやアクセプタなどの不純物に補足されると束縛エネルギー分（E_{bond}）だけ低エネルギー状態となり，放出エネルギー $\varepsilon_{bond} = E_g - E_{exc} - E_{bond}$ となる．束縛励起子の結合による発光スペクトルは鋭いピークを示すことから，不純物の特定などにも

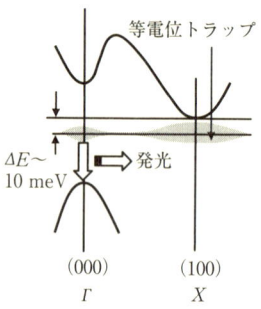

図 2.8 間接遷移型半導体における等電位トラップを介した発光

利用される．

　母体となる半導体と同じ価数をもつ不純物原子を等電子トラップ（isoelectronic trap）と呼び，間接遷移型半導体の発光特性改善に利用されている．代表的な応用例として，GaP結晶中へのN原子ドープなどがある．N原子は，同じV族元素であるPを置換するが，Pよりも内核電子数が少なく原子核の正電荷がよりむき出しに近い状態であるため，周囲の電子を引き付ける．引き付けられた電子は図2.8に示すように，伝導体の谷より少し低いエネルギー状態に不純物準位を形成する．不純物準位に補足されると，電子の位置座標は不確定性が少なくなるため，不確定性原理により波数の不確定性は増加し，波数（k）空間では荷電子帯の山の部分にまで広がりをもつようになる．このため，本来は間接遷移型であるが，N原子のつくるトラップ準位から荷電子帯の山への直接遷移が起こり，結果として高効率の発光が可能となる．

　ドナー準位の電子とアクセプタ準位の正孔との再結合による発光をドナー–アクセプター対（DA対）発光と呼ぶ．この場合の放出エネルギー ε_{DA} はドナー，アクセプターのイオン化エネルギー（E_D, E_A）により，次式のように表される．

$$\varepsilon_{DA} = E_g - E_D - E_A + \frac{e^2}{4\pi\varepsilon R} \tag{2.27}$$

上式の右辺第4項は，再結合後に距離 R を隔てて生じたイオン化ドナーとイオン化アクセプター間のクーロン相互作用エネルギーを表す．R は格子点間隔の整数倍となるため，DA対発光では多数の離散的発光スペクトルが観測される．

2.3 発光デバイス

2.3.1 エレクトロルミネッセンス(EL)デバイス

ELデバイスでは,高電界により半導体内で電子を加速し,発光中心と呼ばれる不純物との衝突を介して発光を行う.面発光型のデバイスであり,高エネルギー状態にある電子(ホットエレクトロン)による発光機構など光物性上の興味深い現象も内在しているが,実用性の点では発光のカラー化や,動作電圧の低減などが課題となっている.

図2.9に代表的な素子構造である2重絶縁型ELディスプレイを示す.発光層となる半導体層を,絶縁層(SiO_2, TiO_2, Al_2O_3, $BaTiO_3$など)を介し電極層で挟んだ単純な構造である.ガラス基板側の電極層としては,発光を外部へ取り出すため透明電極ITO(indium tin oxide, In_2O_3:Sn)が用いられる.上下面の電極線に順次選択的に電圧を印加し,その交差部分のみを発光させることで画像表示が可能となる.発光層としてはZnS:Mn(橙色発光),ZnS:Tb(緑色発光),ZnS:Tm(青色発光)などが用いられる.Mn,Tb,Tmなどの不純物が,母材半導体であるZnS中で発光中心として機能する.

発光機構は以下のように理解されている.まず,電極間への電圧印加により,カソード(負電位側電極)と絶縁層の間の界面準位からトンネル効果を通して電子が発光層に注入される.高電界により加速された電子が発光中心の原子と衝突すると,原子の内核電子は高エネルギー状態に励起され,基底状態に戻るときに発光が起きる.ZnS:Mnの場合は,3d軌道間の電子遷移が発光要因となる.動作電圧200〜300Vに対し,発光層の膜厚は0.5〜1μmであり,発光層には10^6

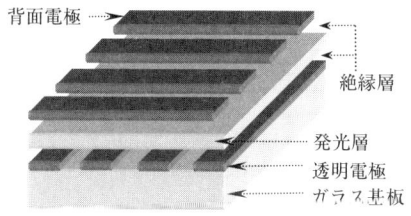

図2.9 ELセルのデバイス構造
対面する上下電極交差部分の発光層に局所的に電界が印加される.

V/cm 以上の非常に大きな電界が印加されている．カソードからの注入電子は，アノード側の界面準位に捕獲され，印加電界と逆向きの電界を生じるため，時間経過に伴い上記の発光過程は停止する．このため，交流電圧を印加することにより連続的な発光が行われている．

2.3.2 発光ダイオード（LED）

発光ダイオード（LED：light emitting diode）は，図 2.10（a）に示すように通常の半導体ダイオードと同様の pn 接合を基本構造としている．異なるのは，Si などの間接遷移型半導体に代えて，発光効率の高い GaAs などの直接遷移型半導体を材料に用いている点である．図 2.10（b）のように pn 接合に順方向電圧を印加すると，空乏層の電位障壁が印加電圧分だけ低減されるため，キャリアの拡散が促進され発光に至る．発光効率をより高める構造として，図 2.10（c）に示すようにバンドギャップの小さな半導体層（活性層）をバンドギャップの大きな半導体層（クラッド層）で挟んだ 2 重ヘテロ接合が開発されている．バンドギャップの差がエネルギー障壁となり，電子と正孔が活性層に蓄積されるため再結合確率が増加し発光効率が向上する．また，活性層から放出される光のエネルギーはクラッド層のバンドギャップより小さいため，クラッド層での光吸収が起こりにくく，効率よくデバイス外部に光を取り出すことができる．このような異種材料系での光デバイス形成のためには，格子定数がほぼ等しい材料系を選択する必要がある．代表的なヘテロ接合材料系である（AlGa）As，GaAs の場合，格子定数差は 0.2% 程度と非常に小さい（格子整合）．種々の化合物半導体から構成される

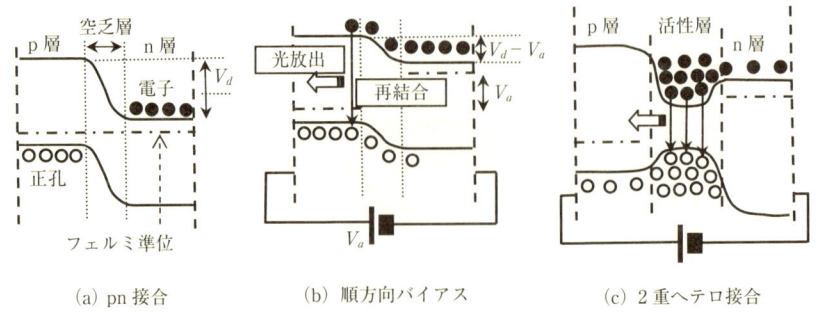

(a) pn 接合　　　(b) 順方向バイアス　　　(c) 2 重ヘテロ接合

図 2.10　発光ダイオードの発光原理と発光効率向上のための 2 重ヘテロ接合

2.3 発光デバイス

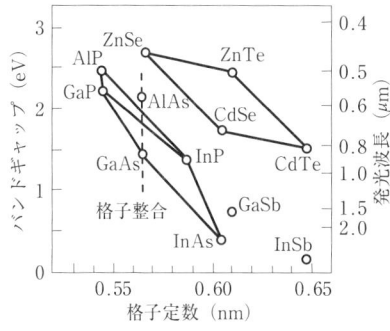

図 2.11 化合物半導体における格子定数と発光波長およびバンドギャップとの関係

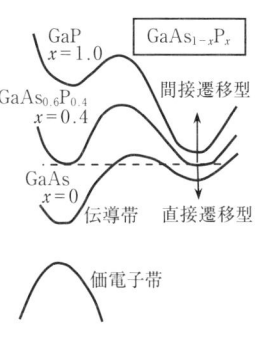

図 2.12 $GaAs_{1-x}P_x$ におけるバンド状態の組成依存性

ヘテロ接合の形成には，MOCVD法などの高品質薄膜形成技術が用いられている．

2.2.2項で述べたように，発光ダイオードからの発光波長は構成材料のバンドギャップに依存する．図2.11に，代表的な化合物半導体の格子定数と発光波長およびバンドギャップとの関係を示す．2つの2元化合物を結ぶ線分に沿った3元系化合物は，各元素の原子半径などが比較的近いため，任意の組成比で各元素が均一に混ざりあった混晶を形成する．混晶では組成比によって，格子定数およびバンドギャップを連続的に変えることができる．例えばⅢ-Ⅴ属化合物 (Al_xGa_{1-x})As のバンドギャップ E_g は，AlAs，GaAs のバンドギャップ $E_{g,AlAs}$，$E_{g,GaAs}$ を用いて，近似的に $E_g = x(E_{g,AlAs}) + (1-x)E_{g,GaAs}$ のように表される．GaP と GaAs の混晶 $Ga(As_{1-x}P_x)$ では，図2.12に示すように x の増加とともに電子状態が変化し，$x>0.4$ では直接遷移型から間接遷移型に変移して発光効率が著しく低下する．この場合不純物として，電気陰性度が大きく電子を引き付けやすいNをドープすると，励起子が形成され発光効率が向上する．

表2.2に代表的な発光ダイオード材料を示す．発光波長が可視光域となる材料は表示器などに，赤外域の材料はリモコン，フォトカプラ，光通信などに用いられている．従来，青色域の高効率発光は困難であったが，サファイア（Al_2O_3）基板上への GaN 系化合物半導体の薄膜形成技術の開発により実用化されている．これにより光の3原色（赤，緑，青）の発光デバイスが揃い，信号機，照明機器などへの応用が可能となっている．赤外域の光は光ファイバー中での伝送損失が少ないことから，波長 $1.3\mu m$，$1.56\mu m$ 帯などの光通信用として4元系化合物半導

表2.2　種々の発光材料と発光色（発光波長）

発光色	発光波長 (nm)	材料	基板
赤外	1100〜1600	(In, Ga)(As, P)	GaP
赤外	940	GaAs	GaAs
赤	660	$Al_{0.35}Ga_{0.65}As$	AlGaAs
緑	565	GaP：N	GaP
緑〜青	465〜520	InGaN	Al_2O_3

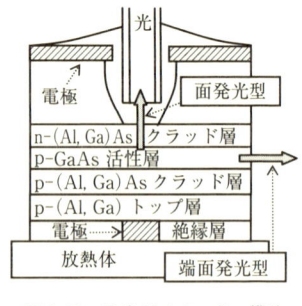

図2.13　発光ダイオードの構造

体である(In, Ga)(As, P)などが開発されている．

　発光ダイオードの基本構造の一例を図2.13に示す．単結晶基板上に各半導体層を格子整合させて成長させた構造であり，最上層の電極と基板裏面側の電極に電圧を印加することにより，電子，正孔が活性層へ注入される．活性層の層厚は1 μm程度である．光通信などへの応用では，基板の一部を微細加工技術（エッチング）により除去して光ファイバー端部を挿入することで，光を外部に取り出す際の損失を低減している．表示用半導体ダイオードでは，基板全体がレンズ機能を兼ねた樹脂中に封入されている．図のように基板表面と垂直方向に光を取り出す面発光型の構造と，活性層の側壁側から基板面と水平方向に取り出す端面発光型の構造がある．

2.3.3　半導体レーザ（LD）

　半導体レーザ（LD：laser diode）は，発光ダイオードと同様にpn接合界面への注入電子の再結合により発光が行われ，材料系や基本的なデバイス構造も類似している．異なるのは，半導体レーザでは伝導体の電子がすでに放出された光に誘引されて価電子帯へ遷移する点である．発光ダイオードの自然放出に対し，半導体レーザの発光は誘導放出と呼ばれ，放出される光の位相が揃うのが特長である．以下，誘導放出での発光条件について考える．光吸収と光放出がともに生じ，電子が伝導体のエネルギー準位E_2と価電子帯のエネルギー準位E_1の間で双方向に遷移しているとする．電圧印加により電子と正孔が熱平衡状態に比べ増大している状態では，フェルミ準位が価電子帯および伝導帯の中に入り込み擬フェルミ準位E_{fc}，E_{fv}が形成される．光吸収を伴う価電子帯から伝導体への遷移数P_{abs}，お

2.3 発光デバイス

よび光放出を伴う伝導帯から価電子帯への遷移数 P_{emt} は各々次式のように表される．

$$P_{abs} = BD_1 f_1 D_2 (1-f_2) \tag{2.28}$$

$$P_{emt} = BD_1 (1-f_1) D_2 f_2 \tag{2.29}$$

上式で B は遷移確率係数，D_1，D_2 は各エネルギー準位における状態密度，f_1，f_2 はフェルミ・ディラック分布関数である．発光が生じるためには P_{emt} が P_{abs} を上回ることが必要であり，以下の条件式で表される．

$$\begin{aligned} P_{emt} - P_{abs} &= BD_1 D_2 (f_2 - f_1) \\ &= BD_1 D_2 \left(\frac{1}{1+\exp\{(E_2-E_{fc})/kT\}} - \frac{1}{1+\exp\{(E_1-E_{fv})/kT\}} \right) > 0 \end{aligned} \tag{2.30}$$

これより，誘導放出が生じるための条件が次式のように表される．

$$E_{fc} - E_{fv} > E_2 - E_1 = h\nu \tag{2.31}$$

このような状態は，状態遷移を起こす2準位のうち，エネルギーの高い方の準位に多くの電子が存在して通常の熱平衡状態とは反対の分布状態となることから，反転分布状態と呼ばれる．また，式の上では温度が負の分布状態に相当することから，負温度状態とも呼ばれる．光の放出過程には，上記の誘導放出の他に光照射とは無関係に生じる自然放出があり，誘導放出の遷移確率係数 B と自然放出の遷移確率係数 A の間には $A/B = h\omega^3/\pi^2 c^3$（c：光速）の関係がある．$A/B$ が ω^3 に比例することからわかるように，周波数が高くなるに従い自然放出が顕著となり，誘導放出によるレーザ発振が困難となる．

　レーザ発振状態の解析には，電子密度 n と光子密度 s の時間変化を記述する以下のようなレート方程式が用いられる．

$$\frac{dn}{dt} = \frac{I}{e} - B(n-n_g)s - \frac{n}{\tau_n} \tag{2.32}$$

$$\frac{ds}{dt} = -B(n-n_g)s - \frac{s}{\tau_s} \tag{2.33}$$

上式で，I は単位体積あたりの電流注入，n_g は発光に必要な電子密度のしきい値，τ_s，τ_n は各々電子密度および光子密度の時間変化に対する時定数である．

　両式から，定常状態（$dn/dt=0$，$ds/dt=0$）において，レーザ発振が維持可能な臨界電流を表す式が次式のように導かれる．

$$I_{th} = \frac{e}{\tau_n} n_{th} = \frac{e}{\tau_n}\left(n_g + \frac{1}{B\tau_s}\right) \tag{2.34}$$

図 2.14 は 2 重ヘテロ接合型半導体レーザのデバイス構造の一例である．活性層を伝播する誘導放出光は，端部のへき開面で繰り返し反射されるため，活性層全体が光に対する共振器として機能する．このような構造の共振器はファブリ・ペロー（Fabry-Perot）共振器と呼ばれる．光の吸収と誘導放出を経ながら伝播する光の伝播方向（x 方向）に沿った強度変化 $I(x)$ は，光増幅係数 g，光吸収係数 α を用いて次のように表される．

$$I(x) = I_0 \exp\{(g-\alpha)x\} \tag{2.35}$$

両端部での反射を経て 1 往復しもとの位置に戻ったときに光強度が増大していれば，その後の繰り返し反射により発振が起こり，結果として発光強度が著しく増大する．このときの条件は，反射端面間の長さを L，両端部での光反射率を R_1（<1），R_2（<1）として次式のように表される．

$$R_1 R_2 \exp\{(g-\alpha)2L\} = 1 \tag{2.36}$$

上式より，レーザ発振が起きる光増幅係数のしきい値 g_{th} は次式で与えられる．

$$g_{th} = \alpha + \frac{1}{2L}\ln\left(\frac{1}{R_1 R_2}\right) \tag{2.37}$$

光増幅係数 g は印加電流密度 J に比例して増大し，活性層厚 d，定数 J_0，利得係数 β を用いて次式のように表される．

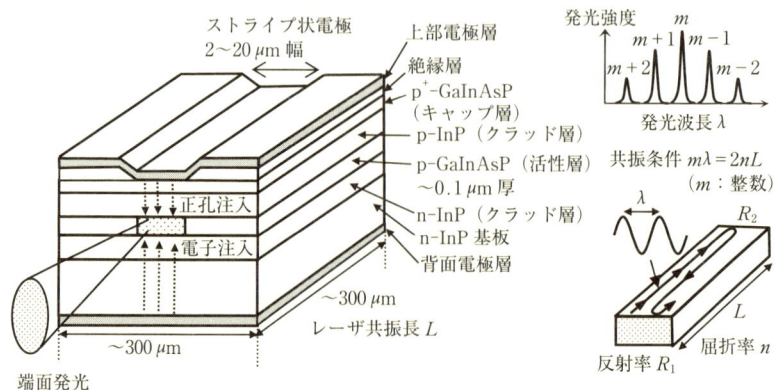

図 2.14　半導体レーザの構造とレーザ発振動作

2.3 発光デバイス

$$g = \frac{\beta}{d}(J - J_0) \tag{2.38}$$

印加電流密度の増加に伴いキャリアが増大し,擬フェルミ準位 E_{fc} は伝導帯の上方へ,また E_{fv} は価電子帯の下方へとシフトする.(2.38)式の J_0 は,(2.34)式で表される反転分布状態に必要な電流密度の下限値に相当する.(2.37)式と(2.38)式から,レーザ発振に必要な電流密度 J_{th} が次式のように導出される.

$$J_{th} = J_0 d + \frac{d}{\beta}\left\{\alpha + \frac{1}{2L}\ln\left(\frac{1}{R_1 R_2}\right)\right\} \tag{2.39}$$

電流密度を上記のしきい値以上に増大すると,発光強度は電流密度に比例して増大する.これは,キャリア注入量の増加に伴い,伝導帯の電子数と価電子帯の正孔数の差が大きくなり増幅係数が増大するためである.電流密度を変化させることで,光強度を電気的に直接変調することが可能であり,光通信などに利用されている.変調速度を決める電子の遷移時間はナノ秒オーダーであるため,GHz に達する高速の光強度変調が可能である.

半導体レーザにおいても発光ダイオードの場合と同様に,クラッド層による活性層へのキャリアや光の閉じ込め効果が発光効率の向上に寄与している.また,図 2.14 に示すように,上部導体層を細長くストライプ状に形状加工し,キャリアの注入領域を上部導体層近傍に局所化することで,動作電流の低減が図られている.

レーザ発振状態では,位相の揃った光が活性層端部で反射を繰り返すため,次式を満たす多数の波長の定在波が混在した多モード発振状態となる.

$$m\lambda = 2nL \quad (m:整数, n:活性層屈折率) \tag{2.40}$$

共振器の長さに相当する活性層の長さ(数百 μm)は光の波長に比べ十分に長いため,活性層のバンドギャップで決まる周波数帯の中に多数の光強度ピークをもつ.このような光強度スペクトルを縦モードスペクトルと呼ぶ.単一モードの発振を得る半導体レーザとして,図 2.15 に示す分布帰還型(DFB:distributed feedback)レーザや,分布反射型(DBR:distributed Bragg-reflector)レーザなどが開発されている.DFB レーザでは,活性層に沿って形成した凹凸界面形状からなる回折格子(周期 Λ)の後方散乱効果により,特定波長 $\lambda = 2n\Lambda$ の光だけが選択的に増幅される.DBR レーザでは,活性層の両端部に形成した回折格子による特定波長光の選択的反射により,単一モード発振が実現されている.

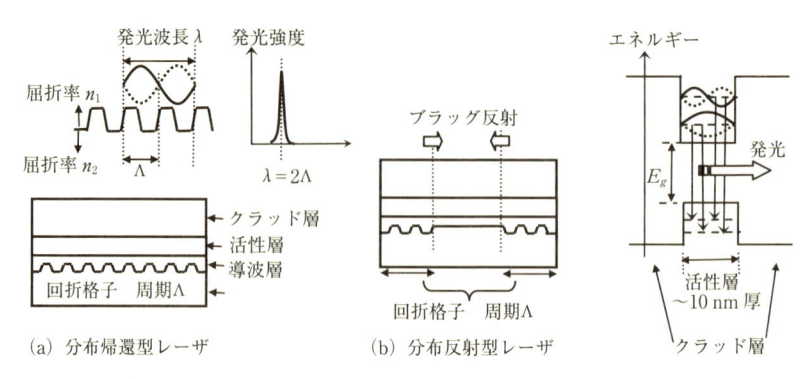

図 2.15 分布帰還・反射型半導体レーザによる単一モード発振　　**図 2.16** 量子井戸レーザ

波状の光強度分布は活性層の幅方向および膜厚方向にも生じ，各々，水平横モード，垂直横モードと呼ばれる．図 2.14 に示されるストライプ状の電極構造は，発光領域の幅を狭めることで水平横モードの多波長化を制限する働きも果たしている．活性層の厚さは光波長程度であるため，垂直横モードに関しては最低次モードのみの発振となる．

電子の波としての性質を活用することでレーザ発光のしきい値電流低減を図った半導体レーザとして，図 2.16 に示す量子井戸レーザがある．活性層の厚さを電子の波長程度（数十 nm）にまで薄くすると膜厚方向の電子波長が離散的となり，これにより電子および正孔のエネルギー準位が離散的となる．その結果，伝導帯と価電子帯の間の遷移が特定のエネルギー準位間のみで集中的に起きることになる．さらに，キャリアの空間的な分布も極薄層の中に局在するため，レーザ発振に至る電流しきい値が低減される．

2.4　表示デバイス

2.4.1　液晶ディスプレイ

有機分子が弱い分子間結合で凝集した構造は液晶と呼ばれ，液体のような流動性をもちながら，有機分子の配列に規則性が生じると固体結晶のように光学的な異方性が生じる．液晶ディスプレイでは，図 2.17 に示すような細長い棒状の有機分子が，その長軸を揃えて配向したネマティック液晶と呼ばれる構造が用いられる．有機分子は，ベンゼン環などの環状有機構造の端部に有機鎖が結合した構造となっている．このような棒状分子構造では，長軸方向と短軸方向とで誘電率が

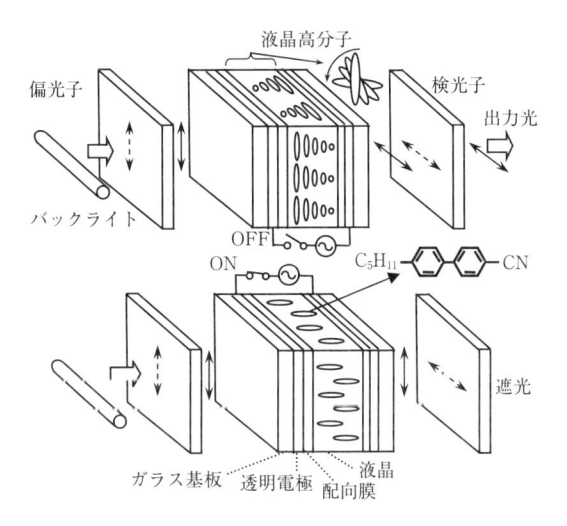

図 2.17 液晶ディスプレイの構造と動作原理

異なるため光学的な異方性が生じる．ネマティック液晶の配向方向を画素ごとに電界で制御することで，光の透過性を変化させて画像表示を行うのが液晶ディスプレイであり，図 2.17 ではその基本構造と動作原理を示している．表面に微細な溝を形成した配向膜と液晶が接すると，液晶の棒状分子は溝の方向に配向する．溝の形成方向が 90° 異なる 2 層の配向膜で液晶層を挟むと，棒状分子の配向方向がねじれた構造が形成される．バックライト（光源）からの光を偏光子を用いて，電界方向が入射側の配向方向となるような直線偏光に変換して液晶相を透過させると，電界方向が棒状分子の長軸方向（誘電率の大きな方向）に向きを変えながら伝播するため，透過後の電界方向は 90° 向きを変える．このため，光入力側の偏光子に対して偏光方向を 90° 変化させた偏光子を光が透過し，出力光となる．液晶層に電界を印加すると，棒状分子は電界方向に向きを変え液晶面内での誘電率が等方的となるため，液晶層内での偏光方向の回転が生じず光が偏光子によって遮光される．このように高分子の回転により光出力のオン・オフを行うため，画像切り替え速度は数 ms～数十 ms と比較的遅い．高速動作のため，液晶層内でのねじれ角を 90° より大きくした STN（super twisted nematic）構造なども開発されている．

画像表示には 2 次元的に配列した個々の画素の光透過を制御することが必要で

(a) パッシブマトリックス方式　　　(b) アクティブマトリックス方式

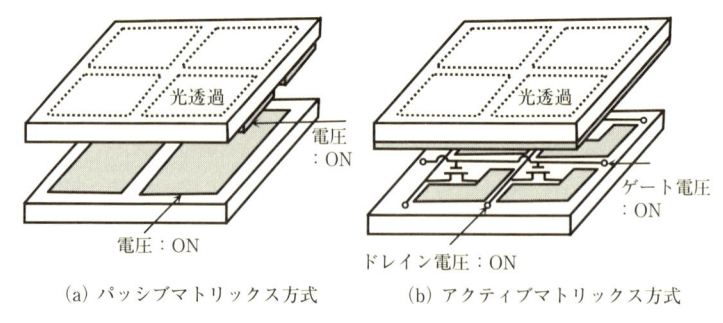

図 2.18　液晶ディスプレイの駆動方式

あり，大別すると図 2.18 に示すパッシブマトリックス方式とアクティブマトリックス方式の 2 つの方式がある．パッシブマトリックス方式では，液晶層などの上下面に配した平行導体群の一対に電圧を印加することで，交差部の画素のみに電界を印加し光出力を制御する．この方式ではデバイス構造は単純となるが，非選択画素にも電界分布が生じ解像度が低下する．アクティブマトリックス方式では，各画素ごとに薄膜トランジスタ（TFT：thin film transistor）が設けられており，そのスイッチ動作により選択画素だけに局所電界が印加されるため，解像度に優れ画素切り替えも高速である．薄膜トランジスタはガラス状基板に成膜した多結晶 Si や非晶質 Si を構成材料とする MOS トランジスタであり，通常の単結晶 Si によるトランジスタに比べると動作速度が落ちるが，画素切り替えスイッチとしては十分な性能を有している．

2.4.2　有機 EL ディスプレイ

炭素を主構成元素とし，酸素，水素，窒素を含む化合物を一般に有機化合物と称している．有機 EL ディスプレイは，図 2.19 に示すように有機化合物薄膜の両側に形成した 2 層の電極層から電子と正孔を注入し，内部で再結合させることにより発光させる発光デバイスである．動作原理は 2.3.2 項で述べた発光ダイオードと同様のキャリア注入型であるが，材料には pn 接合に代えて有機化合物が用いられる．高画質，広視野角，表示の高速性，低消費電力などの優れた点があるためモバイル情報機器などへの応用にも適しているほか，面発光型の特長を活かした照明器具としての応用も検討されている．

元来電気を通しにくい有機化合物に対して，効率的なキャリア注入およびキャ

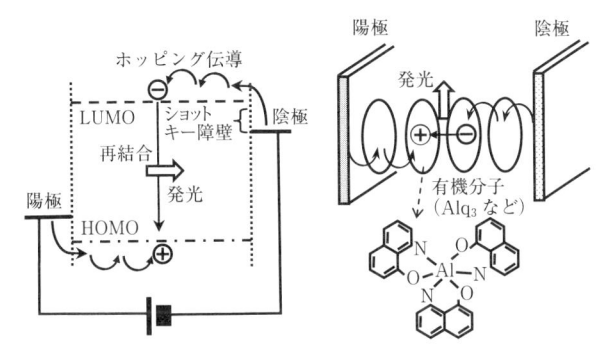

図 2.19　有機 EL の動作原理

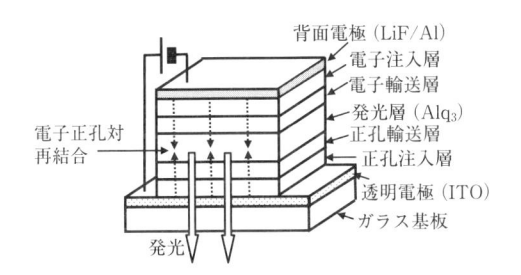

図 2.20　有機 EL のデバイス構造

リア輸送を行うため，図 2.20 に示すように異なる有機化合物を多層化した構造がとられている．電極と有機薄膜との界面にはキャリア注入を妨げるショットキー障壁が形成され，キャリアは熱電子放出やトンネル効果によりこの障壁を越えて有機薄膜へ注入される．

　有機 EL の発光現象の基本となるのは，最高占有軌道（HOMO：highest occupied molecular orbital）および最低空軌道（LUMO：lowest unoccupied molecular orbital）と呼ばれるエネルギー準位である．これらは各々，Si，Ge などの半導体における伝導帯の底と価電子帯の山に相当し，その準位差がバンドギャップに相当する．

　有機 EL 材料の移動度は半導体材料に比べて 3 桁以上小さく，図 2.19 に示すような有機分子間での電子のトンネル効果により伝導が生じている．このような伝導をホッピング伝導と呼び，移動度 μ は次式のように表される．

$$\mu = \frac{eR^2\nu}{k_B T} \exp(-2\alpha R) \tag{2.41}$$

上式で R は分子間距離,ν は分子振動周波数,α はトンネル係数を表す.

陰極側からは電子を LUMO 準位へ注入するため,仕事関数が小さく電子を放出しやすい金属である MgAg,LiF/Al などが陰極電極に用いられる.陽極側では有機薄膜から電子を引き抜く(正孔の注入)ため,仕事関数が大きく,また光を外部に取り出す必要性から透明なインジウム錫酸化物(ITO)などが陽極電極に用いられている.

有機 EL 用の有機材料系は,分子量 100 以下の低分子系(モノマー)と分子量 10000 以上の高分子系(ポリマー)に大別される.低分子系は真空蒸着法などの薄膜形成技術により作製されるのに対し,高分子系ではスピン塗布法やインクジェット法などのより安価な作製技術が利用可能である.電子・正孔注入層には,キャリア注入の点で電極材料との整合性の良好な材料が,また電子・正孔輸送層には,応答速度の高速化の観点から移動度の大きな材料が用いられる.正孔輸送層と発光層の LUMO および HOMO 準位間にはギャップがあり,これにより陰極および陽極からホッピング伝導してきた電子と正孔は発光層に閉じ込められ,効率的な再結合発光が実現されている.

低分子系の代表的な発光層材料であるアルミキノリノール錯体(Alq_3)の分子構造を図 2.19 に示している.このように有機分子の中に金属イオンが配置した構造を錯体と呼び,Alq_3 のほか希土類イオンやイリジウム(Ir)を含む錯体が用いられている.発光機構には,LUMO の電子が直接基底状態である HOMO に遷移して発光する蛍光と,いったん中間状態に遷移し,中間状態から基底状態への遷移により発光するりん光がある.理論的には蛍光とりん光の比率は 1:3 となることが知られており,りん光を活用できれば高い発光効率が期待できるため,この観点から Ir 錯体などの材料開発がなされている.

カラー表示には光の 3 原色の発光が必要であるが,その方式として① 3 色の表示素子を用いる 3 色独立画素方式,②青色発光画素からの光を蛍光膜で波長変換し,より長波長の発光を得る光変換方式,③白色発光からの光からカラーフィルタ 3 原色発光を得るフィルター法が開発されている.

2.5 受光デバイス

2.5.1 受光デバイスの動作原理

受光デバイスは，pn 接合部での光吸収による電子・正孔対生成を電気信号あるいは電力として出力するデバイスである．図 2.21 (a) に受光デバイスの動作原理を示す．発光ダイオードや半導体レーザなどの発光デバイスが pn 接合に順方向バイアスを印加して動作させるのに対し，受光デバイスでは逆バイアス，すなわち p 層側が負電位，n 層側が正電位となるように電圧を印加する．バンドギャップより大きなエネルギーをもつ光は，価電子帯の電子を伝導帯に励起し電子・正孔対を生成する．空乏層の近傍で生成された電子と正孔が拡散によって空乏層に入ると，逆バイアス電圧がつくる電界により，電子は正電位側の n 層に向かって，また正孔は負電位側の p 層へ向かって加速される．さらに，キャリアとして各層を電極へ向かって伝導する．この結果，外部回路に流れる電流量が変化する．空乏層近傍から離れた部分で生成された電子・正孔対は，拡散により空乏層に達する前に再結合するため，外部回路への電流変化には寄与しない．空乏層の電位障壁がつくる電界は，逆バイアス電圧がつくる電界と同じであるため，逆バイアス電圧を印加しなくても受光デバイスとしての動作が可能である．外部回路を開放した場合は，空乏層の n 層側に電子，p 層側に正孔が蓄積されるため，空乏層幅が狭まり電位障壁が低減される．これにより，p 層側を正，n 層側を負とする光起電力が電極間に生じる．

図 2.21 (b) は受光デバイスを含む回路と，その電圧-電流特性である．光を照

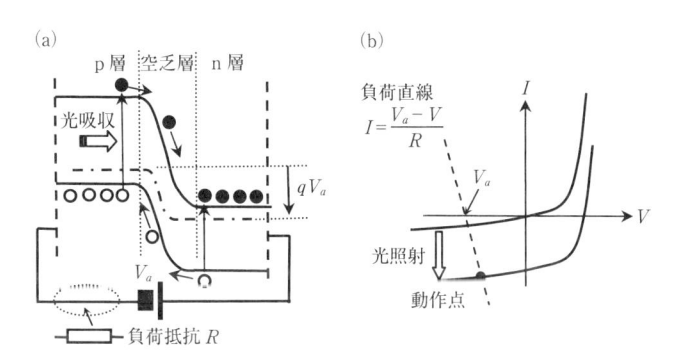

図 2.21 受光デバイスの動作原理と動作特性

射しない状態では通常のダイオードと同様の特性であるが，光を照射すると光の強度に応じた電流 I_{ph} が加わり，電圧-電流特性は逆バイアスでの飽和電流 I_s を用いて次式のように表される．

$$I = I_s \left\{ \exp\left(\frac{qV}{kT}\right) - 1 \right\} - I_{ph} \qquad (2.42)$$

図中の破線は外部回路の電圧値や抵抗値によって決まる負荷直線であり，上記の電圧-電流特性が描く曲線との交点が，受光デバイスの電極間電圧および回路を流れる電流の値を示す．

　受光デバイスにおいて，光入力から電気的出力への変換効率は波長によって変化する．用いられる半導体材料のバンドギャップより小さなエネルギーの光では，価電子帯の電子を伝導体へ励起することができない．また，バンドギャップに比して過大なエネルギーの光は，光吸収係数が増大するため受光側表面層で吸収されて電子・正孔対を形成する．さらに，これらの電子や正孔は空乏層への拡散過程で再結合してしまう．こういったことより，変換効率の波長依存性は，バンドギャップ近傍で極大となる山型の特性を呈する．Si の変換効率は，光波長 900 nm 近傍に位置し，太陽光の波長域に対して高い変換効率をもつため，2.5.4 項で述べる太陽電池の材料にも用いられている．InGaAs は波長 1100～1600 nm にかけて幅広い受光感度を有しており，この範囲を動作周波数帯とする光通信用受光デバイスに用いられている．

2.5.2 フォトダイオード，フォトトランジスタ

　pn 接合を基本構造とするフォトダイオードは，光通信や光記録の情報読み出し用に用いられる受光デバイスである．光への応答速度を向上させるため，p 層と n 層の間に不純物濃度の少ない i 層（intrinsic layer）と呼ばれる高抵抗領域を設けた，図 2.22 に示す pin フォトダイオードが代表的なデバイス構造となっている．i 層の厚さを数十 μm 程度と厚くすることで，光による電子・正孔対生成が十分に行われる．i 層内には不純物が少なく再結合が起こりにくいため，高い変換効率が実現されている．また，発生した電子，正孔は逆バイアスがつくる強電界により電極に向かって高速で加速されるため，光への高速応答が可能となっている．

　高速動作を実現するその他のデバイス構造として，アバランシェ・フォトダイオード（APD）がある．pn 接合部に大きな逆バイアス電圧を印加すると，光吸

2.5 受光デバイス

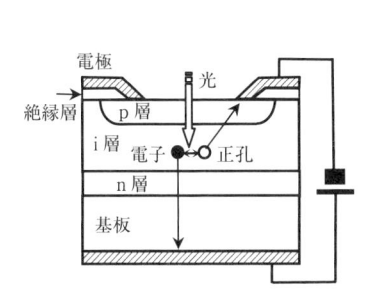

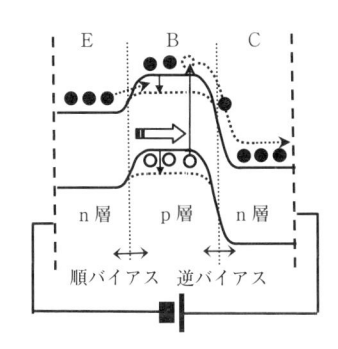

図 2.22 pinフォトダイオードの構造と動作　　**図 2.23** フォトトランジスタの動作原理

収により励起された電子や正孔が強電界により加速され，高速で原子に衝突する．このとき新たに電子・正孔対が励起され，次の衝突励起に加わって著しく光電流が増大する．このため，非常に高速かつ高感度の光電変換が可能となる．

図2.23に，増幅機能をもつ受光デバイスであるフォトトランジスタの動作原理を示す．トランジスタ構造のベース領域が受光部であり，光吸収によって伝導帯へ励起された電子は，拡散によりコレクタ側へ入った後，逆バイアスにより電極へ駆動される．ベース領域では，コレクタ側へ流れた電子の分だけ正電荷が過剰となるため，エミッタ-ベース間の電位障壁が低減され，エミッタ-コレクタ間の電流が増大する．すなわち，光電流がベース領域への電流注入と同じ作用をすることにより，トランジスタとしての増幅機能が得られている．

2.5.3 撮像デバイス

ビデオカメラやデジタルカメラには，多数のフォトダイオードを基板上に集積した撮像デバイスが用いられている．各フォトダイオードは画素と呼ばれ，人間の目の視覚細胞に相当する．入力画像を電気信号として出力する方式の違いにより，CCD（charge coupled device）型とMOS（metal on semiconductor）型の撮像デバイスがある．

図2.24にCCD型撮像デバイスの動作原理を示す．各画素で光吸収により励起された電子を出力端子へ転送するのに，MOSダイオードの配列構造が用いられる．P型半導体を用いたMOSダイオードの電極に正電圧を印加すると，電極と半導体の界面近傍の正孔が基板側へ移動し空乏層が形成される．この空乏層領域

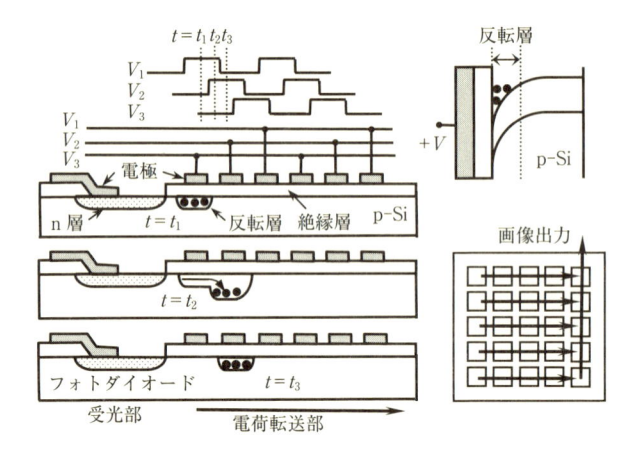

図2.24 CCD型撮像デバイスの動作原理

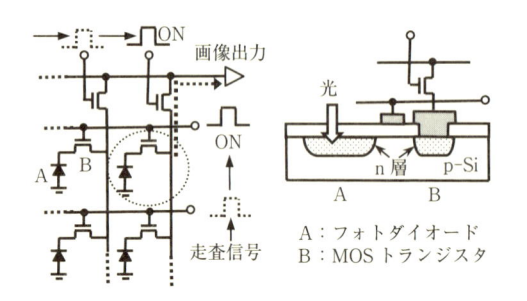

図2.25 MOS型撮像デバイスの構造

は，少数キャリアである電子に対してはエネルギー的に安定な領域（反転層）となり電子を蓄積することができる．図に示すように，隣り合う3つのMOSダイオードを1セットとして各電極に3相のパルス電圧を順次印加することにより，反転層に引き付ける形で電子を移動させることができる．列方向と行方向のMOSダイオード配列により電子の2方向への転送を行い，画素の2次元的配列で撮像した1フレームの画像情報を電気信号列として出力している．

MOS型撮像デバイスでは，図2.25に示すように，MOSトランジスタで構成される画素選択スイッチにより，画素配列の中から1画素だけを選択して直接読み出している．外部のシフトレジスター回路により，各MOSトランジスタのゲートに順番に入力電圧を印加することで，各画素の受光量に応じた電気信号列が逐次出力される．各画素を横方向に接続した導体線群，および縦方向に接続した

導体線群の双方に電圧が印加された画素が導通状態となり出力される（図で点線で囲った画素）．

2.5.4 太陽電池

2.5.1項で述べたように，pn接合を有する半導体にバンドギャップ以上のエネルギーをもつ光が照射されると，価電子帯の電子が伝導体に励起され電子・正孔対が形成される．空乏層の電位障壁は電子・正孔対に対して内部電界として作用し，電子はn層側へ，正孔はp層側へと駆動される．これにより出力端子を開放した状態では，両電極に電子と正孔が蓄積され端子間に起電力が生じる．端子間に抵抗などの負荷を接続すると光電流が流れ，太陽光などの光エネルギーを電気エネルギーに変換することができる．

図2.26に太陽電池の基本構造と上記動作の概略を示している．地表への太陽光の入射エネルギーは約$1\,\mathrm{kW/m^2}$であり，変換効率10％の太陽電池であれば$100\,\mathrm{W/m^2}$の発電量を得ることができる．図2.27に示すように，太陽光のエネルギーは波長500 nm付近に最大値を有し，紫外線から近赤外線の領域（300〜2500 nm）にかけてスペクトルの広がりをもっている．このような太陽光のスペクトルに対して最も高い変換効率を実現できる材料系は，約$1.4\,\mathrm{eV}$のバンドギャップをもつGaAsやCdTeなどのⅢ-Ⅴ族化合物半導体であるが，価格的に高価であるため宇宙用などの特殊用途に限られている．最も一般的な材料系はSi（$E_g=1.2\,\mathrm{eV}$）であり，変換効率に優れた単結晶Siや，効率は落ちるが低コストである多結晶Siが用いられている．Siは間接遷移型半導体であるため，光吸収係数αが$100\,\mathrm{cm^{-1}}$程度と小さく，半導体中への入射光が吸収されて$1/e$に減衰するのに$100\,\mu\mathrm{m}$の距

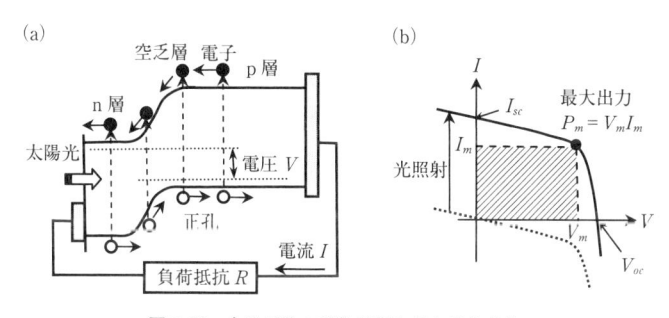

図2.26 太陽電池の動作原理と最大出力条件

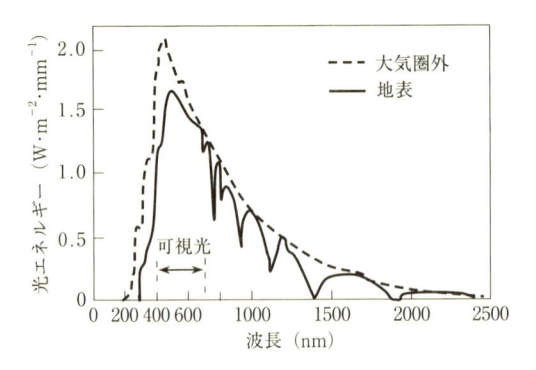

図 2.27 太陽光のエネルギースペクトラム

離を要する．このため入射光が半導体を素通りするのを避けるためには 150〜300 μm の膜厚が必要となり，材料コストがかかる．非晶質 Si は，光吸収係数が 10^4 cm^{-1} と大きく，数 μm の膜厚でも十分な光吸収が得られ省資源性にも優れているが，変換効率は結晶系に比べて劣っており，ステブラー・ロンスキー（Staebler-Wronski）効果と呼ばれる強い光照射に対する効率劣化が大きな技術課題となっている．その対策としては，光劣化の少ない微結晶 Si を n 層に用いた非晶質・微結晶複合型構造などが検討されている．IV族 (Si), III-V族以外の結晶系としては，II-VI族（Cd（カドミウム）Te（テルル）），I-III-VI族（CuIn（インジウム）Ga（ガリウム）Se（セレン））などが太陽電池材料として有望視されている．これらの化合物半導体は直接遷移型であって光吸収係数が大きく，数 μm 層厚で太陽電池を構成できるため材料コストの面でも有利である．

　太陽電池の構造については，材料系も含めて様々な方式の開発が進められているが，共通した重要課題は変換効率の向上，すなわち光エネルギーを電気エネルギーに変換する際に生じる様々な損失の低減である．例えば，光照射により励起された電子と正孔の一部は電極に到達する前に再結合してエネルギーを消失してしまう．これを抑えるには，残留不純物濃度や構造欠陥の少ない高度の結晶成長技術が要求される．光照射面側での光の反射や，裏面からの光の透過も大きな損失要因であり，照射面への誘電体反射膜コーティングや表面凹凸構造形成による反射防止，裏面への高反射率層形成などが施されている．また，バンドギャップの異なる半導体を積層し，各層ごとに光のエネルギースペクトラムの波長域を分担して電気エネルギーに変換するタンデム型太陽電池も開発されている．3層構

造 InGaP (変換光波長 λ = 300～700 nm) /GaAs (700～900 nm) /InGaAs (900～1400 nm) の太陽電池では，42%の変換効率が達成されている．

太陽電池に光照射したときの電圧-電流特性は次式で表される．

$$I(V) = I_{sc} - I_0 \left\{ \exp\left(\frac{qV}{nkT}\right) - 1 \right\} \tag{2.43}$$

I_0 は pn 接合部の逆方向飽和電流，I_{sc} は回路を短絡（$V=0$）したときの短絡光電流である．n はダイオードの特性を表す定数で一般には $1 \leq n \leq 2$ の値をとり，理想ダイオード特性では 1，電子・正孔対の再結合が著しい場合には 2 となる．図 2.26 (b) に示すように，上記の特性曲線と負荷抵抗線 $I = (1/R)V$ との交点が動作点となる．負荷抵抗 R を変化させると，動作点は V-I 特性曲線上を移動するが，出力電力 $P = VI$ が最大となるのは図の斜線部の面積が最大となる点である．この最大電力は，以下のように短絡光電流 I_{sc} によって表すことができる．電力 P は電圧 V と (2.43) 式の電流 I の積で表されるが，電力を最大とする電圧 V_m は $dP/dV = 0$ の解として次式を満たす．

$$\frac{I_{sc}}{I_0} + 1 = \left(1 + \frac{qV_m}{nkT}\right) \exp\left(\frac{qV_m}{nkT}\right) \tag{2.44}$$

上式より求められた V_m と (2.43) 式から最大出力電力 P_m は

$$P_m = V_m I(V = V_m) = \frac{V_m(I_{sc} + I_0)(qV_m/nkT)}{1 + qV_m/nkT} \tag{2.45}$$

となる．また，開放電圧 V_{oc} は (2.43) 式で $I = 0$ とすることにより

$$V_{oc} = \frac{nkT}{q} \ln\left(1 + \frac{I_{sc}}{I_0}\right) \tag{2.46}$$

で与えられる．

2.6 光制御デバイス

2.6.1 光導波路

光通信システムでは，半導体レーザから出力された光は図 2.28 のような光ファイバーによって受信側のフォトダイオードへ伝送される．光ファイバーの構成材料としては，長距離通信用には石英ガラス，近距離の伝送用にはプラスチック系材料が用いられている．屈折率の大きいコアを屈折率の小さなクラッドが同心円状に囲む構造になっており，光波はコアとクラッドの界面で全反射を繰り返しな

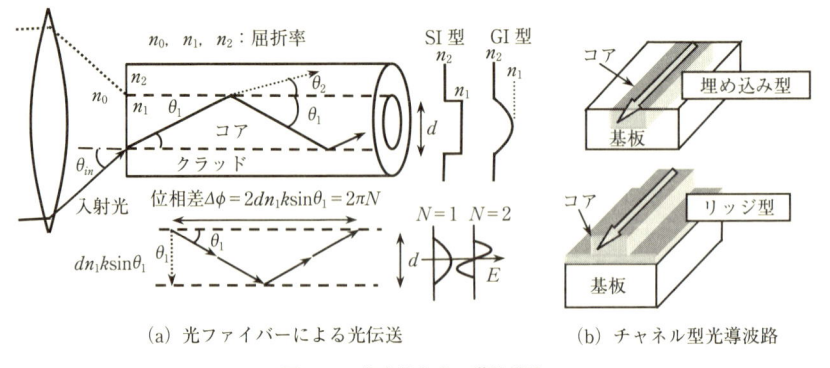

(a) 光ファイバーによる光伝送　　(b) チャネル型光導波路

図 2.28　代表的な光の導波構造

がらコアの中を伝播される．図に示すように，コアからクラッドへ光波が伝播される状態を考えると，界面に沿った光波電界成分の連続性を表すスネル (Snell) の法則が $n_1\cos\theta_1 = n_2\cos\theta_2$ と表される．n_1, n_2 は各々コア，クラッドの屈折率 ($n_1 > n_2$)，θ_1, θ_2 は入射光および屈折光と界面のなす角度である．界面への入射光が全反射される臨界条件は $\theta_2 = 0$ であり，このときの θ_1 の臨界角 $\theta_{1,c}$ は $\cos^{-1}(n_2/n_1)$ となる．θ_1 が $\theta_{1,c}$ を超えると光波がクラッド側へ漏れ出てしまうため，光ファイバーの端面への入射角 θ_{in} には上限がある．光ファイバー端面での光屈折に関するスネルの法則は，空気の屈折率を1とすると $\sin\theta_{in} = n_1\sin\theta_1$ のように表される．これより光ファイバーへの光入射角 θ_{in} の上限値 θ_{max} が次式のように与えられる．

$$\sin\theta_{max} = n_1\sin\theta_{1,c} = (n_1^2 - n_2^2)^{\frac{1}{2}} \tag{2.47}$$

次に，光波の伝播を光ファイバー軸方向への伝播と半径方向への伝播に分けて考えてみよう．光どうしが干渉して弱めあうことなく安定に伝播するためには，半径方向への伝播成分が往復してもとの位置に戻ったときに，光波の位相が同位相，すなわちこの間の位相変化量 $\Delta\phi$ が 2π の整数倍となることが必要となる．この位相条件は，真空中の光波の波数 k_0，コアの直径 d，界面での全反射に伴う位相遅れ量 Φ により次式のように表される．

$$\Delta\phi = 2dn_1 k_0 \sin\theta_1 - 2\Phi = 2\pi N \quad (N = 0, 1, 2, \cdots) \tag{2.48}$$

Φ は界面での光反射がコアからクラッド側へ少しはみ出して起きることによるものであり，グース・ヘンシェン (Goos-Heanchen) シフトと呼ばれる．このように，ファイバー径方向への電界分布の異なる伝播状態をモードと呼ぶ．コア径が

50〜100 μm の光ファイバーでは，N の異なる複数のモードの光が伝播するマルチモードとなる．マルチモードの場合，次数 N に依存して光の伝播経路が異なることから，伝播時間にモード依存性が生じ波形が乱れるという問題がある．このため屈折率を不連続的に変化させたステップ・インデックス（SI）型に代えて，図 2.28（a）に示すように屈折率をコア径方向に沿って中心から外周部へ向かって連続的に減少させたグレーテッド・インデックス（GI）型ファイバーが開発されている．GI 型は，光波に対する反射面が半径方向に沿って連続的に分布した状態と考えることができる．コア外周部で反射を繰り返しながら伝播する光は伝播距離が長くなるが，屈折率が小さく光速度の速い外周部を通過する．一方，コア中心部で反射されながら伝播する光は，屈折率が大きく光速度の遅い領域だけを通る．そのため，伝播経路による伝播時間の差が低減され，モード分散の少ない光伝播が実現される．また，長距離基幹通信の伝播には，コア径を 10 μm 以下に小径化し，基本モード（$N=0$）だけを伝播できるようにしたシングル・モード光ファイバーが用いられている．

光導波路としては光ファイバーのほか，図 2.28（b）に示すような屈折率の大きな材料を微細加工技術により基板上につくりつけたり埋め込んだりした導波構造が，光集積回路における光配線要素として開発されている．

2.6.2　電気光学型光変調器

2.1.2 項で述べたように，物質中を伝播する光波の位相変化は物質の誘電率に依存する．物質に外部から電界を印加すると，結晶中での原子の平衡位置や電子の分布状態が変化し，これを反映した誘電率変化に伴い屈折率が変化する．電界に比例した屈折率変化をポッケル効果（Pockels effect）と呼び，電界の 2 乗に比例した変化はカー効果（Ker effect）と呼ばれている．

ポッケル効果は，以下に述べるような外部電界（電圧）によって光の強度変調を行う電気光学型光変調器に応用されている．電気光学型光変調器の代表的な材料である LiNbO₃ は一軸対称性を有する誘電体であり，外部電界 U を対称軸（z 軸）方向に印加したときの屈折率楕円体は，次式のように表される．

$$\left(\frac{1}{n_o^2}+r_{xz}U\right)(x^2+y^2)+\left(\frac{1}{n_e^2}+r_{zz}U\right)z^2=1 \quad (2.49)$$

上式で r_{xz}, r_{zz} は，外部電界 U による屈折率の変化割合を表すポッケル係数であ

る.外部電界に対する物質の誘電的応答がテンソルで表されることから,外部電界と直交する方向にも屈折率変化が生じることに注意したい.このとき x, y, z 方向の屈折率は以下のように表される.

$$n_x = n_y \left(\frac{1}{n_o^2} + r_{xz} \right)^{-\frac{1}{2}} \approx n_o - \frac{1}{2} n_o^3 r_{xz} U \tag{2.50}$$

$$n_z \approx n_e - \frac{1}{2} n_e^3 r_{zz} U \tag{2.51}$$

図 2.29 (a) に示すように,電気光学型光変調器は特定の一方向に振動する電界成分のみを通過させる 2 つの偏光子の間に誘電体を挿入した構造となっている.2 つの偏光子は,その偏光方向が直交するクロスニコルと呼ばれる向きに配置される.光を入射する側の偏光子の偏光方向を図の x 軸から 45°傾けた方向 ($\theta = 45°$) にとると,偏光子を通過し誘電体を y 方向に伝播する光の振動電界の x, z 方向成分は次式のように表される.

$$E_x = E_0 \cos(k_0 n_x y - \omega t) \tag{2.52}$$
$$E_z = E_0 \cos(k_0 n_z y - \omega t) \tag{2.53}$$

誘電体を通過し光が出て行く側の偏光子(検光子)では,x 軸から $-45°$ 傾いた方向に振動電界成分をもつ光だけが通過し光出力として検出される.光出力 (P) は,光路に沿った誘電体長 (l) を経て検光子を通過する光の振動電界を,1 周期 (T) にわたって 2 乗平均することにより求められる.検光子での偏光は (2.52),(2.53) 式で表される電界成分の $\theta = -45°$ 方向への投影成分となり,検光子を通過した光出力は次式のように導出される.

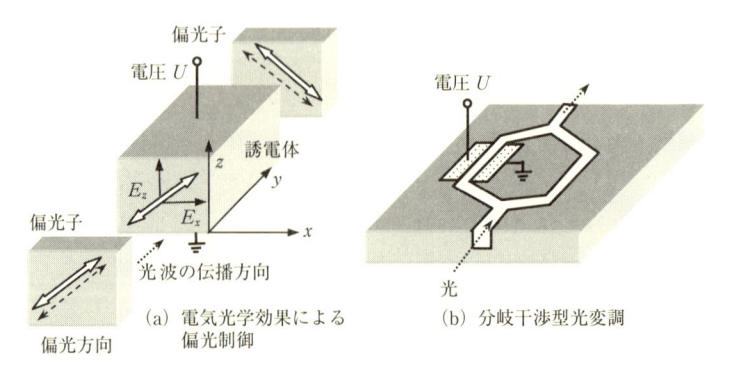

(a) 電気光学効果による偏光制御

(b) 分岐干渉型光変調

図 2.29 電気光学型光変調器の動作原理とデバイス構造例

2.6 光制御デバイス

$$I \propto \frac{1}{T}\int_0^T \left(\cos\frac{\pi}{4}E_x - \cos\frac{\pi}{4}E_z\right)^2 dt$$

$$= \frac{1}{T}\int_0^T \left\{\frac{1}{\sqrt{2}}E_0\cos(k_0 n_x l - \omega t) - \frac{1}{\sqrt{2}}E_0\cos(k_0 n_z l - \omega t)\right\}^2 dt$$

$$= E_0^{\,2}\sin^2\frac{k_0 n_x l - k_0 n_z l}{2} \tag{2.54}$$

上式の $k_0 n_x l - k_0 n_z l$ は誘電体部分を光が伝播する間に生じた光電界の x 成分と y 成分との位相差であり，この値を π とするような外部電界を印加したときに光出力が最大となることがわかる．位相差を π だけ変化させるのに要する電圧を半波長電圧（V_π）といい，電圧変化による光強度変調の度合いを表す指標として用いられる．電圧印加方向の誘電体の長さを d とすると，V_π は以下のように表される．

$$V_\pi = \frac{2\pi d}{l(n_e^3 r_{zz} - n_o^3 r_{xz})} \tag{2.55}$$

電圧印加による屈折率変化を導波路型光伝送経路に適用した光変調器として，図 2.29（b）に示す分岐干渉型光変調器がある．誘電体へ入射された光は 2 経路に分岐して伝播した後，出力側で再び重ね合わせられて出力される．片側の経路のみに電圧を印加し位相を変化させることで，合成される 2 経路の光波に位相差をつけることができる．位相差を $\Delta\phi$ とすると，入出力間の光強度比は $\sin^2(\Delta\phi)$ で与えられる．導波路や電圧印加のための電極などは微細加工技術により作製されるため，低電圧でも高い電界の印加が可能となり，半波長電圧を低減することが可能である．

2.6.3 音響光学型光変調器

音響光学型光変調器は，固体中を伝播する超音波と光波との相互作用により光波の伝播方向を変化させるデバイスである．超音波は，固体中に生じたひずみ，すなわち各原子の安定位置からの変位量が波状に変化しながら伝播するものであり，電子分布状態がその影響を受けるために屈折率が超音波の波長と同じ周期的に変化する．ひずみと屈折率変化との関係は，一般にはテンソルで記述されるが，大きさだけに着目すると次式で表される．

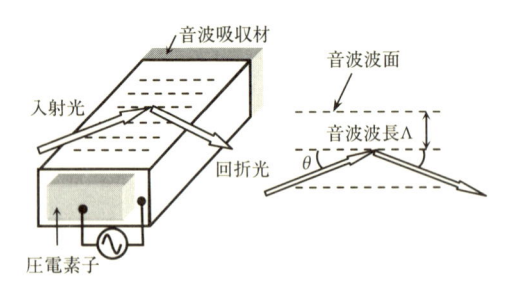

図 2.30 音響光学型光変調器の動作原理

$$n = n_0 - \frac{1}{2} n_0^3 pS \qquad (2.56)$$

S はひずみの大きさであり，p は光弾性定数と呼ばれる．

図 2.30 にデバイス構造の概略と動作原理を示している．光の伝播媒体として，モリブデン酸鉛（PbMoO$_4$）や二酸化テルル（TeO$_2$）などの超音波吸収の少ない材料系が用いられる．超音波の発生には，光伝播媒体の端部に形成された圧電素子（酸化亜鉛（ZnO），ニオブ酸リチウム（LiNiO$_3$）など）が用いられる．圧電素子に 100 MHz 程度の交流電圧を印加して周期的な振動を起こし，これにより光伝播媒体に沿って超音波を励起する．超音波の波面と入射光のなす角を θ，光波の波長を λ，超音波の波長を Λ，伝播媒体の屈折率を n とすると，次式で表されるブラッグ回折条件（Bragg diffraction）を満たすときに回折光の位相が揃い，強い回折光強度が得られる．

$$2\Lambda \sin\theta = \frac{\lambda}{n} \qquad (2.57)$$

演 習 問 題

2.1 複素誘電率 $\tilde{\varepsilon}=8+6i$ である誘電体 A の複素屈折率を求めよ．また，誘電体 A でつくられた薄板の厚さ方向に光波が伝播したとき，その強度が 1/10 に減衰した．複素誘電率 $\tilde{\varepsilon}=5+12i$ の誘電体でつくられた，同じ厚さの薄板を光波が伝播したときの光強度の減衰を求めよ．

2.2 x 軸および y 軸方向への屈折率が各々 1.7，1.6 の異方性光学材料を用いて，直線偏光を円偏光に変換する $\lambda/4$ 波長板を作製する．光の波長を $0.5\,\mu m$ として波長板の厚さ l を求めよ．

2.3 直接遷移型半導体光吸収係数 α が $A\sqrt{h\nu-E_g}$ で表されるとする．A は定数を表す．この半導体にエネルギー $h\nu=3.0\,\mathrm{eV}$，および $6.0\,\mathrm{eV}$ の光（近紫外～紫外域）を照射したときの α は，各々 $4.0\times10^4\,\mathrm{cm}^{-1}$，$8.0\times10^4\,\mathrm{cm}^{-1}$ であった．
(1) この半導体のバンドギャップ E_g を求めよ．
(2) この半導体からの発光波長 λ を求めよ．

2.4 図 2.14 に示すようなファブリ・ペロー共振型半導体レーザの動作条件について考える．半導体中を通過する光強度 I が，光の進行距離 x の関数として次式により表されるとする．
$$I(x)=I(0)\exp\{(\gamma-\alpha)x\} \qquad (\alpha：損失係数，\gamma：増幅係数)$$
(1) $x=0$ での光強度 $I(0)$ に対し，$x=L/2$ まで伝播したときの光強度は 2 倍になった．レーザ発振が生じるために必要な反射鏡の反射率 R の最小値を求めよ．
(2) 反射率 R が (1) で求めた値の 1/4 の場合，半導体レーザの構造をどのように変更すれば発振条件を満たすようになるか述べよ．

2.5 光の誘導放出が生じる条件である (2.31) 式を導出せよ．

2.6 定常状態におけるレーザー発振の電流しきい値を表す (2.39) 式を導出せよ．

2.7 太陽電池の最大出力を表す (2.45) 式を導出せよ．

3. 磁性体デバイス

　磁気モーメントの集団的なふるまいが，電力変換機器，受動回路素子，記憶デバイス，医療分野などの様々な応用分野で活用されている．その基盤となる材料系が強磁性体である．電子は，それ自体がスピンと呼ばれる極微小な磁気モーメントを有している．強磁性体では，交換相互作用と呼ばれる量子力学的効果によりスピンがその向きを揃えた状態をとり，文字通りの強い磁性を発現している．磁石にN極，S極の方向性があるように，電子スピンにもベクトル的な方向性がある．これはスカラー量である電荷とは異なる電子の属性であり，多様な機能として活用されている．上記の種々の応用に際しては，スピンの方向によって磁性体の内部エネルギーが変化する磁気異方性が非常に重要であり，これにより磁区，磁壁などの強磁性体に特有な自己組織的ナノ構造が形成されている．磁性体におけるこのような基礎物性は新規磁気デバイスの創出にも有用であり，3.1節で説明する．磁性体デバイスに用いられる材料としては，その応用によって様々な特性のものが開発されており，3.2節でその設計指針と具体的な材料系について述べている．3.3節では，情報分野における代表的な磁気デバイスといえるハードディスクを実例にとり，機能向上に向けた技術開発の一端を紹介する．3.4節では，電子がもつ電荷とスピンの両方を活用するスピントロニクスと呼ばれる新しい技術分野の展開について解説する．ここではエレクトロニクスとスピン機能との高効率な連携を可能とする磁性伝導現象や，電流によって磁性体にスピンを注入する新しい磁気制御技術など，次世代型磁気デバイスの基礎について述べている．

3.1　磁　気　物　性

3.1.1　磁気モーメント

　電気の源として，電子のような単独の電荷が存在するのに対して，磁気におい

3.1 磁気物性

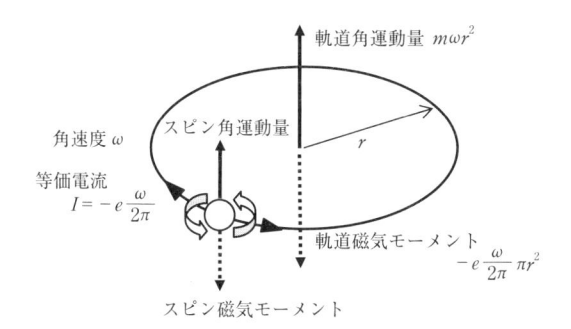

図 3.1 電子の磁性
電子の磁性には，軌道運動とスピンの2つの要因があり，いずれも磁気的な素量であるボーア磁子の整数倍に量子化されている．

てはそれ自身で磁気の源となるような磁荷といったものはまだ発見されていない．相対論的な量子力学の理論の中では，モノポールとしてその存在が予測されているものの，存否については未だに結論が出ていないのである．磁気の源として身近なものは電流と磁石であろう．電流による磁界の発生は，アンペアの法則に表されるとおりであるが，物質の構成要素である原子の磁性も，主として電子の運動によって生じている．磁性に関与する電子の運動としては2通りの形態がある．図 3.1 に示すように，1つは原子核を中心とした電子の軌道運動であり，これは惑星の公転運動に例えることができよう．もう1つは，同図に示している電子自体が有するスピンと呼ばれる特殊な角運動量であり，自転運動に相当する．ただし，電子の運動は1章で述べた量子力学に従うものであり，物質の磁性も典型的な量子現象であることを意識しておく必要がある．

まず電子の軌道運動による軌道磁気モーメント m_{orb}（orbital：軌道）について考える．軌道に沿った電子の回転運動の角周波数を ω [rad/s] とすると，単位時間あたりの電子の回転数は $\omega/2\pi$ となる．これをリング電流とみると，その電流値 I は $-e\omega/2\pi$ となる．電磁気学より，リング電流の磁気モーメントは電流 I とリングの囲む面積 S の積に真空の透磁率 μ_0 を乗じた量として次式のように表される．

$$m_{orb} = \mu_0 I S$$

$$= -\mu_0 e \frac{\omega}{2\pi} \pi r^2 = -\mu_0 \frac{e}{2m} m\omega r^2 \quad (r：軌道半径) \quad (3.1)$$

上式中の $m\omega r^2$ は角運動量を表し，古典力学では任意の値をとりうる．ところが，

電子の軌道運動のようなミクロな運動は量子力学に従うため，$\hbar$ の整数倍だけが許される値となり，$\hbar l$（l：整数）のように表される．

　角運動量の量子化については，次のように考えることができる．量子力学では電子の軌道運動が，原子の中心を原点とする極座標系(r, θ, ϕ)の波動関数で記述される．角運動量は θ，ϕ の関数で表されるが，軌道を1周したときには同じ値にならなければならない．これは周期境界条件に相当し，これにより角運動量が量子化される．角運動量の量子化に応じ，軌道磁気モーメント m_{orb} も次式のように離散的な値だけがとりうる値になる．

$$m_{orb} = -\frac{\mu_0 e}{2m}\hbar l = -m_\mathrm{B} l \quad (l:整数) \tag{3.2}$$

上式の$(\mu_0 e/2m)\hbar$は，これを単位としてその整数倍の値だけが軌道磁気モーメントのとりうる値となることから，ボーア磁子（Bohr magneton）m_B と呼ばれ，その大きさは 1.165×10^{-29} Wb・m である．

　一方，スピンの角運動量 s も任意の値をとることはできず，そのとりうる値は $\hbar/2$ のみである．スピンの状態記述には量子力学に相対論的効果を取り込む必要があるが，これによればスピン角運動量 s とスピン磁気モーメント m_s の間の比例係数は，軌道角運動量と軌道磁気モーメントの場合の約2倍となり，次式が成り立つ．

$$m_s = -2\frac{\mu_0 e}{2m}\hbar s = -2m_\mathrm{B} s \quad \left(s=\frac{1}{2}\right) \tag{3.3}$$

　物質の磁性を考える際の基本となる磁気モーメントを定義したので，ここで磁気に関する単位系について整理しておこう．磁性材料や磁気デバイスの分野では，諸般の理由により SI 単位系（MKS 単位系）と CGS 単位系が混在している状況にある．MKS 単位系においても，磁気モーメントを磁界と同じ単位にとる E-B 対応と，磁束密度と同じ単位にとる E-H 対応とがある．磁界 H，磁束密度 B および単位体積あたりの磁気モーメントである磁化 M の間の関係式をこれらの単位系で表すと，各々

$$B = \mu_0(H+M) \quad (E\text{-}B\text{ 対応 MKS 単位}) \tag{3.4}$$
$$B = \mu_0 H + M \quad (E\text{-}H\text{ 対応 MKS 単位}) \tag{3.5}$$
$$B = H + 4\pi M \quad (CGS\text{ 単位}) \tag{3.6}$$

となる．国際標準単位として推奨されている E-B 対応 MKS 単位系では，物質の

表3.1 磁気的諸量の単位換算表

	記号	MKSA 単位 $B=\mu_0 H+M$	SIへの換算	CGSへの換算	SI 単位 $B=\mu_0(H+M)$	CGS 単位 $B=H+4\pi M$
磁界	H	A/m	×1	$\times 10^3/4\pi$	A/m	Oe
磁束密度	B	Wb/m^2, T	×1	$\times 10^4$	T, Wb/m^2	G
磁気モーメント	m	Wb·m	$\times 1/\mu_0$	$\times (1/10^3\mu_0)$	A·m^2	emu
磁化	M	Wb/m^2	$\times 1/\mu_0$	$\times 10^3/\mu_0$	A/m	emu/cm^3

磁性を円電流(量子力学的には電子の角運動量)を基本に考えるので,磁気モーメントの単位は[A·m^2]であり,磁化は電流と同様[A/m]となる.一方,E-H 対応 MKS 単位系では,仮想的な磁荷(単位[Wb(ウェーバー)])を導入し,微小距離を隔てた極性の異なる磁荷の対(磁気双極子)として磁気モーメントを定義している.このため,磁気モーメントの単位は[Wb·m],磁化の単位は[(Wb·m)/m^3]=[Wb/m^2]となる.磁束密度 B の単位は,E-B,E-H 対応のいずれも[Wb/m^2]または[T(テスラ)]である.表3.1に各単位系間の換算係数をまとめている.

3.1.2 原子の磁性

原子の磁性を議論する際の基礎となるのは,原子核を中心とする電子の分布状態であり,シュレディンガー方程式の解である波動関数で記述される.原子核の+電荷(陽子)は,電子に対して次式で表されるクーロンポテンシャル場をつくる.

$$V(r) = -\frac{Ze^2}{4\pi\varepsilon_0 r} \tag{3.7}$$

ここで r は原子中心と電子との距離,Z は原子番号(=陽子数)である.このような球対称場の中での電子の波動関数 ψ は,原子中心を原点にとった極座標系 (r, θ, ϕ) を用い,各座標成分ごとに変数分離して

$$\psi(r, \theta, \phi) = R_{n,l}(r) Y_{l,m_l}(\theta, \phi) \tag{3.8}$$

と表される.添え字 n, l, m_l はシュレディンガー方程式から導出される複数の解に対応する量子数であり,各々,主量子数(n),角運動量量子数(l,方位量子数とも),磁気量子数(m)と呼ばれる.このうち物質の磁性に関わるのは,角運動

量量子数 l と磁気量子数 m であり,それぞれ角運動量の大きさと角運動量の方向を表している.すなわち,物質の磁性は角度変数 θ, ϕ の関数として表される電子の分布状態を反映している.

量子力学では,運動量などの物理量に対して,微分などを含む演算子が対応づけられる.この演算子を波動関数に作用させたときに,波動関数の係数として現れる定数が物理量のとる値となり,これを固有値と呼ぶ.角運動量に対応する演算子を l,その z 軸成分を l_z と表すと,シュレディンガー方程式は次式のような関係式を与える($\theta = 0$ の方向を xyz 座標系での z 軸方向としている).

$$l^2 Y_{l,m} = -\hbar^2 \left[\frac{1}{\sin\theta} \frac{\partial}{\partial\theta} \left(\sin\theta \frac{\partial}{\partial\theta} \right) + \frac{1}{\sin^2\theta} \frac{\partial^2}{\partial\phi^2} \right] Y_{l,m} = l(l+1)\hbar Y_{l,m} \tag{3.9}$$

$$l_z Y_{l,m} = -i\hbar \frac{\partial}{\partial\phi} Y_{l,m} = m\hbar Y_{l,m} \tag{3.10}$$

これらの式は,角運動量の大きさが $\sqrt{l(l+1)}\hbar$,その z 成分が $m\hbar$ であることを表している.

一方,スピンの角運動量についても,大きさを表すスピン角運動量量子数 s と方向を表すスピン磁気量子数 m_s が定義される.スピン角運動量の大きさは $\sqrt{s(s+1)}\hbar = (\sqrt{3}/2)\hbar$ となる.また,$s=1/2$ に対応し $m_s = -1/2$, $1/2$ の2つの状態がスピン角運動量の方向を与え,各々 up スピン,down スピンと呼ばれる.スピンの状態は2状態のみの離散系であるため,角運動量を微分演算子で表すことはできない.スピン系では状態を2元ベクトルで,物理量を 2×2 行列で表現することにより,角運動量およびその z 成分の固有値が定められる.例えば up スピン,down スピンの s_z は次のように計算される.

$$\text{up スピン} \begin{pmatrix} 1 \\ 0 \end{pmatrix} : \quad s_z \begin{pmatrix} 1 \\ 0 \end{pmatrix} = \frac{\hbar}{2} \begin{pmatrix} 1 & 0 \\ 0 & -1 \end{pmatrix} \begin{pmatrix} 1 \\ 0 \end{pmatrix} = \frac{\hbar}{2} \begin{pmatrix} 1 \\ 0 \end{pmatrix} \tag{3.11}$$

$$\text{down スピン} \begin{pmatrix} 0 \\ 1 \end{pmatrix} : \quad s_z \begin{pmatrix} 0 \\ 1 \end{pmatrix} = \frac{\hbar}{2} \begin{pmatrix} 1 & 0 \\ 0 & -1 \end{pmatrix} \begin{pmatrix} 0 \\ 1 \end{pmatrix} = \frac{\hbar}{2} \begin{pmatrix} 0 \\ -1 \end{pmatrix} = \frac{-\hbar}{2} \begin{pmatrix} 0 \\ 1 \end{pmatrix} \tag{3.12}$$

以上述べたように,軌道角運動量とスピン角運動量は,いずれも大きさと1つの座標軸成分(z 軸)が一定値をとり,他の2軸成分が時間的に変化するような物理量であり,コマの首振り運動のようなイメージでとらえることができる.

3.1 磁気物性

1原子に含まれる複数の電子の分布状態は，主量子数の値で区分される殻，および角運動量量子数の値で区分される軌道により以下のように階層的に構成されている．主量子数 n の殻は，角運動量量子数 $l = 0, 1, 2, \cdots, n-1$ の n 個の軌道群からなる．さらに角運動量量子数 l の軌道群は，磁気量子数 $-l, -l+1, \cdots, l-1, l$ の $2l+1$ 個の軌道をもつ．量子数の異なる各々の殻と軌道は，以下のように呼ばれている．

主量子数 $n = 1$（K殻），2（L殻），3（M殻），4（N殻），$\cdots$

角運動量量子数 $l = 0$（s軌道），1（p軌道），2（d軌道），3（f軌道），$\cdots, n-1$

個々の軌道は主量子数の値と軌道のアルファベットにより3d軌道（$n = 3, l = 2$）のように表される．電子のようなスピン量子数が半整数となる粒子はフェルミ粒子と呼ばれ，パウリの排他律により，4つの量子数 n, l, m, m_s がすべて同じ状態を複数の電子がとることはできない．例えば $l = 1$ のp軌道には，$m = -1, 0, 1$ の3軌道があり，各軌道には $m_s = -1/2$ と $1/2$ の2電子（upスピンとdownスピン）が入れるので，計6電子を収容できる．図3.2にはp軌道の各電子の軌道角運動量とスピン角運動量の様子を示している．また，$n = 3$ のM殻には，角運動量量子数 $0, 1, 2$ のs, p, d軌道があり，各軌道は磁気量子数の異なる $1, 3, 5$ 個の軌道に分かれている．各軌道には $m_s = -1/2$ と $1/2$ の2電子が入れるので，総計するとM殻には18個の電子が入ることができる．収容しうる数の電子が軌道にすべて配置された殻は閉殻と呼ばれ，各電子の軌道角運動量とスピン角運動量はベクトル的に足し合わせるといずれも総和が0となるため磁性を示さない．これに対し，収容しうる電子数に満たない殻は開殻と呼ばれ，原子やイオンとして磁性を発現する可能性が出てくる．

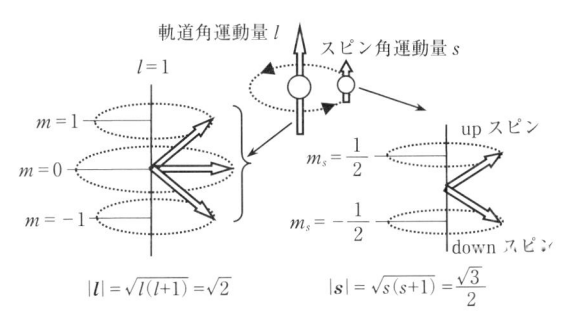

図3.2 p軌道の電子の軌道角運動量とスピン角運動量

$l = 1$, $m = 1$, $m = 0$, $m = -1$

$|l| = \sqrt{l(l+1)} = \sqrt{2}$

$m_s = \dfrac{1}{2}$, $m_s = -\dfrac{1}{2}$

$|s| = \sqrt{s(s+1)} = \dfrac{\sqrt{3}}{2}$

upスピン，downスピン

1電子だけをもつ水素原子では,軌道電子のエネルギーは主量子数 n のみに依存し,主量子数の大きな外側の殻ほどエネルギーが大きくなる.複数の電子をもつ原子では電子どうしの相互作用が加わるため,エネルギーは角運動量量子数 l によっても異なり,l の大きな軌道ほどエネルギーが増大する.したがって,原子の中で電子は n の小さな殻で,かつ l の小さな軌道から順番に占有されていく.ただし一部例外があり,3d軌道や4f軌道はその外側の軌道(3d軌道の場合は4s軌道)に電子が配置された後に占有されていく.通常,最外殻の電子はイオン結合や共有結合に使われて磁性がなくなり,残された殻は閉殻であるため磁性が生じない.ところが,3d軌道や4f軌道は最外殻電子の内側に開殻を有しており,最外殻電子が原子間の結合に使われた後にも開殻が残されるため,磁性原子や磁性イオンとなる.3d軌道,4f軌道に開殻をもつ一連の原子群は,各々3d遷移金属,4f希土類原子と呼ばれ,Fe, Co, Ni などの強磁性を示す元素をはじめ磁性材料として重要な原子が含まれる.

角運動量量子数が同じで,磁気量子数の異なる $2l+1$ 個の軌道はエネルギーが同じであり,ここに up スピン電子と down スピン電子が入るので最大 $2(2l+1)$ 個の電子を収容できる.このときの各軌道への電子の入り方は,以下に示すフントの法則と呼ばれる一定のルールに従うことが知られており,これにより各元素の磁性が定まる.

① 各電子は,原子全体のスピン角運動量 $S=\Sigma m_s$ が最大となるように配置する.
② 各電子は,①の条件を満たした上で,原子全体の軌道角運動量 $L=\Sigma m_l$ が最大となるよう配置する.
③ S と L の合成角運動量 J は,電子数が軌道収容しうる最大電子数の1/2以下の場合は $J=L-S$ となり,1/2以上の場合は $J=L+S$ となる.

合成角運動量に対する磁気量子数も,1電子の磁気量子数と同様に離散化され,$-J, -J+1, -J+2, \cdots, J-2, J-1, J$ がとりうる値となる.

例えば,最大収容電子数が14である4f軌道では,図3.3の表中につけた番号順に電子が配置されていく.4f軌道に9個の電子をもつ Dy(ディスプロシウム)では,表中に示すように up スピン電子7個がフントの法則①に従い $m_l=+3\sim-3$ の各軌道に入り,残り2電子が down スピン電子として法則②に従い $m_l=+3, +2$ の各軌道に入る.したがって,全スピン角運動量 $S=(+1/2)\times7+(-1/2)\times2=5/2$,全軌道角運動量 $L=3+2+1+0+(-1)+(-2)+(-3)+3+2$

3.1 磁気物性

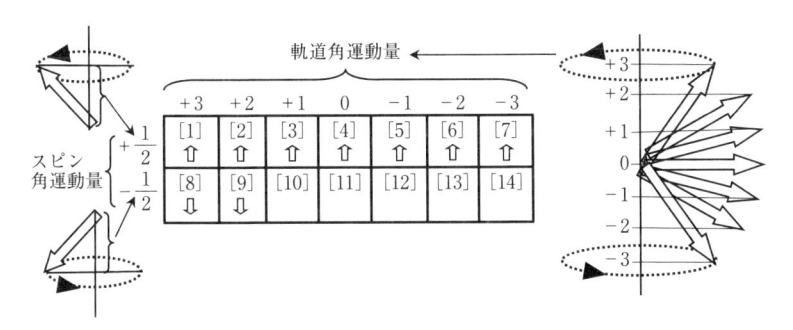

図 3.3 フントの法則に従う 4f 軌道への電子配置の優先順位

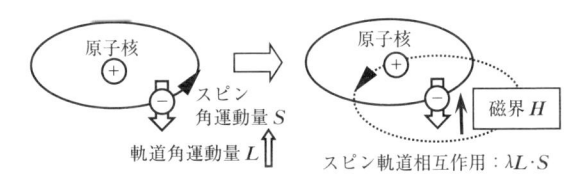

図 3.4 スピン軌道相互作用の発現機構
原子核周囲の電子の軌道運動は，電子を中心とする原子核の周回運動と等価．

=5 となる．さらに法則③より合成角運動量 $J=L+S=15/2$ が求められる．

フントの法則の要因は以下のように説明される．法則①は，各電子が異なる軌道に入ることを要請しているが，これは同じ軌道に up スピンと down スピンの 2 電子が入ると電子どうしのクーロン相互作用が増大するためである．法則②は，電子が同符号の角運動量をもつ軌道に入ることを要請している．これは，電子どうしが距離を隔てて同方向に軌道運動することによりクーロン相互作用が低減されるためである．法則③は，スピン角運動量と軌道角運動量の間のスピン軌道相互作用 U_{LS} に起因しており，次式のように表される．

$$U_{LS} = \lambda L \cdot S \quad (\lambda：定数) \tag{3.13}$$

図 3.4 に示すように，原子核の周りの電子の軌道運動は，相対的に電子の周りの原子核の周回運動とみることができる．原子核は正電荷をもつため，その周回運動は等価的な円環電流として，電子の位置に軌道角運動量と同じ向きの磁界をつくる．スピン磁気モーメント μ_S と磁界 H との相互作用エネルギーは $-\mu_S \cdot H$ で表され，同方向を向く状態が安定状態となる．スピン角運動量とスピン磁気モーメントは逆方向であるため，結果的に軌道角運動量とスピン角運動量は反平行の

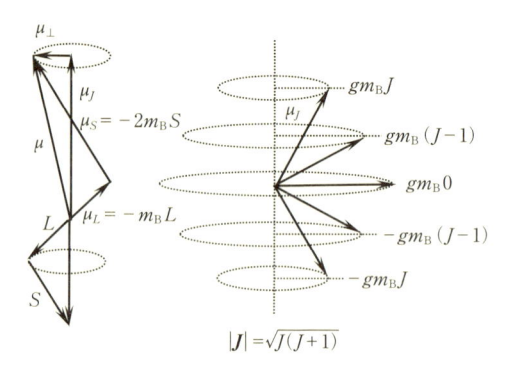

図3.5 合成角運動量と合成磁気モーメントのベクトル表現

ときにエネルギーが最小，すなわちλの符号は負となる．電子数が最大収容電子数の1/2になると，軌道角運動量の総和は0となる．以降の電子はdownスピンとなり，原子全体のスピン角運動量とは逆向きになる．このため，電子数が最大収容電子数の1/2を境としてλの符号が負から正に変わり，軌道角運動量とスピン角運動量の安定な結合の仕方が反平行から平行へと変化する．

原子やイオンの磁気モーメントμは，電子の磁気モーメントを表す (3.4) 式と同様，軌道角運動量Lとスピン角運動量Sを用いて次式のように表される．

$$\mu = \mu_L + \mu_S = -m_B(L+2S) \tag{3.14}$$

上式および図3.5に示されるように，合成磁気モーメントμは合成各運動量Jとは異なる方向を向いており，Jと平行および直交する2成分μ_J，$\mu_\perp$に分けられる．μはJの方向を軸として歳差運動を行うため$\mu_\perp$の時間平均値は0となり，μ_Jは実験で観測される実質的な磁気モーメントに対応している．μ_JとJの関係は次式のように表される．

$$\mu_J = g m_B J \tag{3.15}$$

gはランデ (Lande) のg因子と呼ばれ，磁性がスピンのみによる場合は2，軌道運動のみによる場合は1であり，一般には次式で表される$1 \leq g \leq 2$の値をとる．

$$g = 1 + \frac{J(J+1) + S(S+1) - L(L+1)}{2J(J+1)} \tag{3.16}$$

角運動量Jの大きさが$\sqrt{J(J+1)}\hbar$で表されることから，磁気モーメントの大きさは$gm_B\sqrt{J(J+1)}$と表され，z成分は$-gm_BJ$から$+gm_BJ$までの$2J+1$通りの値を

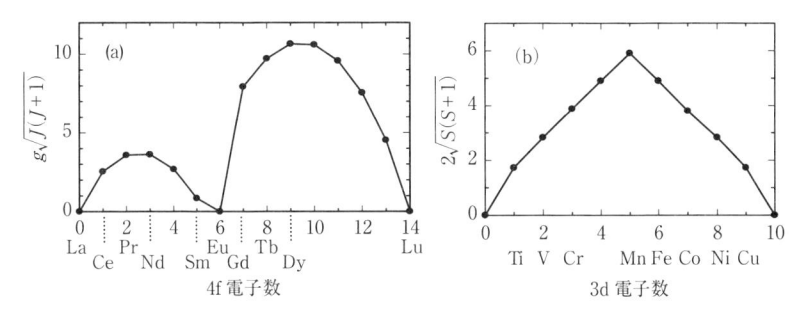

図 3.6 軌道電子数と合成角運動量の関係
(a) 4f 希土類原子，(b) 3d 遷移金属原子

とる．$g\sqrt{J(J+1)}$ の値は，ボーア磁子を単位とした原子の磁気モーメント数であり，有効ボーア磁子数と呼ばれる．

4f 希土類原子について，フントの法則に従って計算された有効ボーア磁子数 $g\sqrt{J(J+1)}$ を図 3.6 (a) に示す．4f 電子数の増加に伴い軌道角運動量が増減を繰り返すため，有効ボーア磁子数の変化にも 2 つのピーク値が生じている．この傾向は実験結果ともよく一致している．しかしながら，3d 原子についての実験結果では，3d 電子数が最大収容電子数の 1/2 となる原子において，有効ボーア磁子数が単一のピーク値をとっている．これらの実験値は，図 3.6 (b) に示されるように，有効ボーア磁子数を $2\sqrt{S(S+1)}$ としたときの値に近い．すなわち，3d 遷移金属では軌道角運動量が消失しており，原子の磁性がスピン磁気モーメントのみで生じていることを示唆している．

4f 希土類と 3d 遷移金属における上記の違いは以下のように説明されている．物質中では，各原子は周囲の原子の電荷がつくる電界を受ける．4f 希土類原子では原子間の結合に寄与する最外殻電子以外にも 5s, 5p などの軌道群が 4f 軌道の外側にあり，これらの軌道電子が電界に対してシールドの働きをするため電界からの影響は比較的少ない．一方，3d 遷移金属の場合は，結合に関わる 4s 電子以外には 3d 軌道の外側に軌道電子が存在せず，周囲の原子からの電界の影響を強く受ける．このとき，磁気量子数の大きさが等しく符号の異なる 2 つの軌道（$m = 2$ と $m = -2$ など）の波動関数が合成され，新たな波動関数に再構成される．これは右回りの軌道運動と左回りの軌道運動の重ね合わせにより，角運動量をもたない定在波型の波動関数が合成されることを意味する．それにより，物質中の 3d

3.1.3 物質の磁性

a. 常磁性

原子磁気モーメント間の相互作用が弱い物質では，磁気モーメントの方向はランダムであり，熱揺らぎにより時間的にもその方向が変動する．このような状態は常磁性と呼ばれる．常磁性体に磁界を印加すると，図3.7のように磁界方向を向く磁気モーメントの割合が増え磁化が誘導される．このような磁化過程は，統計力学的な手法により以下のように解析できる．磁気モーメント μ と磁界 H との静磁気相互作用エネルギー E は $-\mu \cdot H$ で表されるが，前項で述べた磁気量子数の離散性より，E は $-Jgm_\mathrm{B}H$，$-(J-1)gm_\mathrm{B}H$，…，$(J-1)gm_\mathrm{B}H$，$Jgm_\mathrm{B}H$ の各離散値をとる．ボルツマン統計によれば，絶対温度 T [K] において，エネルギー E の状態をとる確率は $\exp(-E/k_BT)$ に比例するため，この確率を重みとして上記の各エネルギーを平均することにより，平均磁気モーメント $<\mu>$ が求められる（k_B：ボルツマン定数）．結果のみ記せば，$<\mu>$ は温度と磁界の関数として次式のブリルアン関数 F で表される．

$$\frac{<\mu>}{Jgm_\mathrm{B}H} = F(y)$$

$$= \left(1 + \frac{1}{2J}\right)\coth\left\{\left(1 + \frac{1}{2J}\right)y\right\} - \left(\frac{1}{2J}\right)\coth\left(\frac{1}{2J}y\right) \quad (3.17)$$

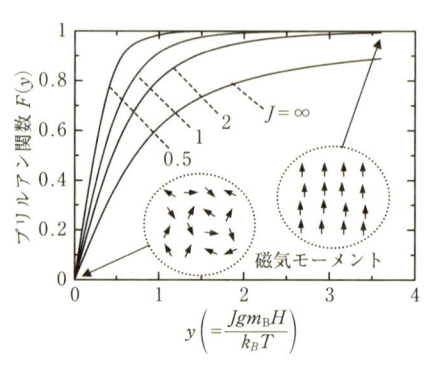

図3.7 常磁性体の磁化過程を表すブリルアン関数

$$y = \frac{Jgm_B H}{k_B T} \tag{3.18}$$

変数 y は,磁気エネルギーと熱エネルギーの比を表している.図 3.7 に示されるように,y の値が小さい範囲では平均磁気モーメントは直線的に増大し,y の増加に伴い変化率が減少し飽和の傾向を示す.

b. 強磁性

外部から磁界を加えない状態でも,各磁気モーメントが平行に揃う性質を強磁性という.単位体積あたりの磁気モーメントの総和を磁化 M と呼び,単位は[Wh/m^2] である.現象論的には,磁化に比例した仮想的な磁界が物質内に作用すると考えると,前述のボルツマン統計の考え方から強磁性の性質を議論することができる.このような仮想磁界の概念はワイス(P. Weiss)により導入されたもので,分子磁界と呼ばれている.分子磁界と磁化との比例係数を w,単位体積あたりの磁気モーメント数を N とし,分子磁界 $H_w = wN<\mu>$ を(3.18)式の H に代入すると,次の関係式が得られる.

$$\frac{<\mu>}{Jgm_B} = \frac{kT}{wN(Jgm_B)^2} y \tag{3.19}$$

上式は図 3.7 では y を変数とする原点を通る直線を表し,同図に示されるブリルアン関数との交点が,分子磁界により生じた平均磁気モーメント $<\mu>$ を表している.(3.19)式の勾配は温度 T に比例しているから,温度の増加に従って直線の勾配が急になり,$<\mu>$ は減少する.ブリルアン関数の勾配は原点で最大となるが,(3.19)式の勾配がそれ以上になると,両者は交点をもたなくなる.このときの温度はキュリー温度と呼ばれ,強磁性の性質が熱により消失する臨界温度を表す.キュリー温度 T_c と分子磁界の関係は以下のように求められる.(3.17)式中の関数 $\coth(x)$ は $x \cong 0$ のとき級数展開の高次項を無視でき,$(1/x)+(3/x)$ で近似される.これより(3.17)式は原点近傍で

$$\frac{<\mu>}{Jgm_B H} = \frac{J+1}{3J} y \tag{3.20}$$

となり,(3.18)式と合わせて

$$T_c = \frac{wNJ(J+1)gm_B^2}{3k} \tag{3.21}$$

が導出される.

このように，分子磁界は強磁性の問題を扱う上で便利な概念ではあるが，物理的には磁気モーメント相互間に作用してその向きを揃えようとする機構を等価的な磁界に見立てた便宜的な概念である．例えば Fe のキュリー温度は 1063 K であるが，これを用いて（3.21）式から見積もられる分子磁界の大きさは 5.8×10^9 A/m となる．ところが，原子の磁気モーメントが格子間隔を隔てた隣接原子位置につくる磁界は，前記の分子磁界の大きさに比べて 3 桁程度小さい．すなわち，古典電磁気学的な相互作用に比べ桁違いに大きな相互作用が強磁性を発現しているのである．この難問に答えを与えたのが，ハイゼンベルグの強磁性理論であり，分子磁界の本質は，電子間にはたらく量子力学的な相互作用であることが初めて明らかにされた．

フェルミ粒子である電子が満たすべき排他律は，波動関数が反対称であることと等価である．ここで波動関数が反対称とは，電子の交換という仮想的な操作に対して波動関数が符号を反転することを意味する．電子の位置座標とスピンの状態（up, down）を合わせた状態変数を σ とすると，σ は位置座標 r とスピンの方向によって表される．σ_1，σ_2 で表される 2 電子に対するスピン軌道波動関数を $\phi(\sigma_1, \sigma_2)$ とすると，反対称性は $\phi(\sigma_1, \sigma_2) = -\phi(\sigma_2, \sigma_1)$ のように表される．この式で 2 つの電子が同じ位置を占有した状態（$\sigma_1 = \sigma_2$）を仮定すると $\phi(\sigma_1, \sigma_1) = 0$ となり，そのような状態はとれないこと，すなわち排他律が結論される．

いま最も単純化したモデルとして，図 3.8 のように波動関数 ψ_a, ψ_b で表される

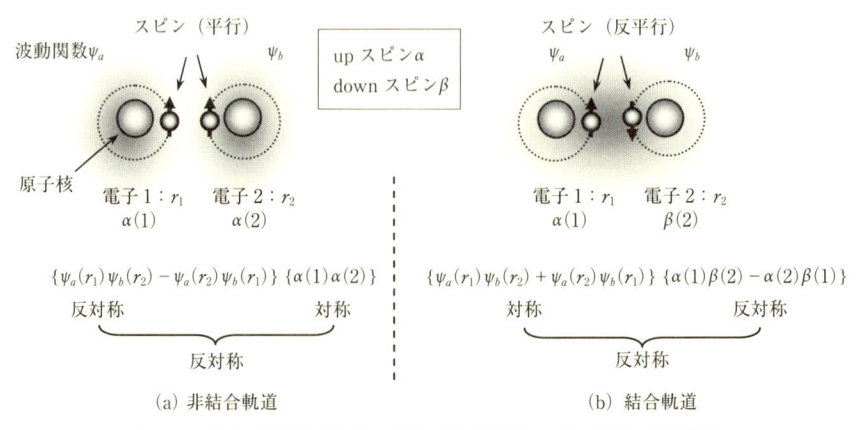

図 3.8 電子の軌道波動関数の対称・反対称性とスピン状態の相関関係

2つの軌道に位置座標 r_1, r_2 で表される2つの電子が配置される状況を考えてみよう．多電子系の量子力学に従えば，全体の波動関数は各波動関数の積の線形結合で表される．up スピン状態を α，down スピン状態を β で表すと，電子1と電子2のスピンが同方向の状態は，$\alpha(1)\alpha(2)$ または $\beta(1)\beta(2)$ のように表され，スピンに関しては対称である．一方，互いに反対方向の場合は，$\alpha(1)\beta(2)-\beta(1)\alpha(2)$ のように表され，これは反対称である．スピンも含めた全体の波動関数 $\phi(\sigma_1, \sigma_2)$ の反対称性から，2つの電子のスピンが平行の場合の波動関数 $\psi_{\uparrow\uparrow}$ と，反平行の場合の波動関数 $\psi_{\uparrow\downarrow}$ は次式のように表される．

$$\psi_{\uparrow\uparrow} = \{\varphi_a(r_1)\varphi_b(r_2) - \varphi_a(r_2)\varphi_b(r_1)\} \tag{3.22}$$

$$\psi_{\uparrow\downarrow} = \{\varphi_a(r_1)\varphi_b(r_2) + \varphi_a(r_2)\varphi_b(r_1)\} \tag{3.23}$$

すなわち，スピンが平行の場合は電子の入れ替え操作を行ってもスピン状態は変わらず対称であり，全体を反対称とするため軌道部分の波動関数は（3.22）式のように反対称となる．（3.22）式右辺で添え字の1と2を入れ替えると符号が変わることに注意したい．スピンが反平行の場合はこれと逆で，スピンの状態が反対称であるため波動関数は対称となる．これらの2通りの波動関数で表される電子の確率分布状態の模式図を図3.8に示している．2つの電子のスピンが平行（対称性）である場合には，図3.8（a）のように電子どうしが互いに避けあうような電子分布状態（反対称性）となる．逆に，スピンが反平行（反対称性）の場合は，図3.8（b）のように一部重なり合った電子状態（対称性）となる．図（a）のように電子どうしが離れている場合は，図（b）のように接近している場合に比べ，電子間のクーロン相互作用エネルギーが小さくなる．一方，電子が狭い範囲に局在すると運動エネルギーが大きくなる．したがって運動エネルギーの点では，電子分布が広がった図（b）の方がより低いエネルギー状態にある．前項で述べたフントの法則①において，電子がスピンの向きを揃えて異なる軌道に入るのは，クーロン相互作用エネルギーの低減が支配的となり図（a）の電子状態をとることに相当する．逆に水素分子では，クーロン相互作用の増大を犠牲にしても，図（b）の電子状態をとった方が全体としてのエネルギーをより小さくできる．

　クーロン相互作用エネルギーと運動エネルギーとの総和を最小とするのが最も安定な電子分布状態であり，それに応じてスピンが平行となるか反平行となるかが決まる．すなわち，電気的なクーロン相互作用が波動関数の反対称性を通して，スピンにあたかも見かけ上の磁界（分子磁界）が作用しているかのような影響を

与えているのである．このような量子力学的なクーロン相互作用のことを交換相互作用と呼び，そのエネルギー E_{ex} は次式のように 2 つのスピン S_1, S_2 の内積で表すことができる．

$$E_{ex} = -2JS_1 \cdot S_2 \tag{3.24}$$

上式の J は交換積分と呼ばれ，電子間の交換相互作用を全空間で積分することによって計算される．

酸化物などの絶縁性の強磁性体では，原子の周りに軌道電子として局在した電子の磁気モーメントが合成されて原子全体の磁気モーメントがつくられている．それに対し，Fe, Ni, Co などの強磁性金属では，3d 軌道の電子が局在電子と自由電子との中間的な性質をもった遍歴電子と呼ばれる状態となっており，これが強磁性の原因となっている．局在電子による磁性の場合，1 原子あたりの磁気モーメントはボーア磁子の整数倍となるはずであるが，Fe, Co, Ni の 1 原子あたり磁気モーメントは各々，ボーア磁子の 2.2, 1.6, 0.62 倍となっており，磁性の原因が遍歴電子によるものであることを示唆している．すなわち，金属の強磁性の問題はバンド電子として扱う必要がある．図 3.9 (a) のバンド状態図に示されるように，Cu などの常磁性金属では up スピン電子と down スピン電子のバンド状態は対称である．一方，Fe などの強磁性金属では両者のバンド状態が非対称となっている．このような金属強磁性の理解に対しても，分子磁界の概念は有効である．バンド電子に分子磁界 H_w がはたらくと up スピン電子と down 電子の間には $\Delta E = 2m_B H_w$ のエネルギー差が生じる．このため図 3.9 (b) に示すように，フェルミ準位を揃えるべく $\Delta n = (\Delta E/2)D(E_f) = m_B H_w D(E_f)$ 個の電子がスピンの向きを変える．これにより誘起される磁化は

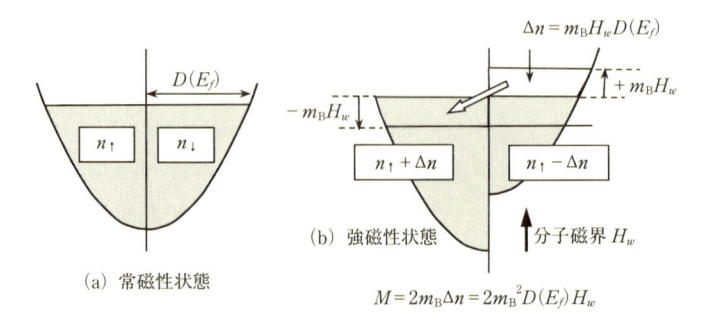

図 3.9 分子磁界によるバンド状態の変化と強磁性の発現機構（ストーナー条件）

3.1 磁気物性

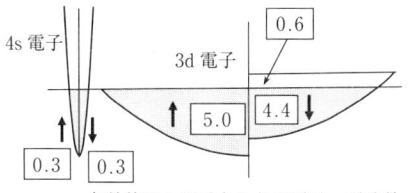

```
4s 電子      3d 電子    0.6
              ↑   5.0   4.4
  ↑  ↓
 0.3 0.3
```
各数値は1原子あたりの電子・正孔数

図 3.10 強磁性金属 Ni のバンド状態

$$M = 2m_B \Delta n = 2m_B^2 D(E_f) H_w \tag{3.25}$$

と表される. H_w が wM' で表されるとすると, 上式から

$$2m_B^2 D(E_f) w > 1 \tag{3.26}$$

の条件のもとで $M > M'$ となることがわかる. すなわち, 分子磁界のもととして想定した M' よりも大きな磁化を誘起していることになり, (3.26) 式をバンド電子の磁気モーメントが強磁性を発現するために必要なストーナー条件という.

実際の強磁性金属の一例として, Ni のバンド状態の模型図を図 3.10 に示している. Ni は 4s 軌道に 1 電子, 3d 軌道に 9 電子をもつ原子であり, フントの法則と軌道角運動量の消失を考えると 1 原子あたりの磁気モーメントは $1\,m_B$ となるが, 金属中での平均磁気モーメントは $0.6\,m_B$ である. これは, 図に示されるように up スピン電子と down スピン状態のバンド状態にエネルギー軸に沿ったずれが生じ, 3d 軌道に 1 原子あたり平均 0.6 個分の正孔が生じているためと考えられている. 3d 電子は原子への局在性が強いためエネルギー幅が狭く, 状態密度 $D(E_f)$ の大きなバンド状態となっているため, (3.26) 式のストーナー条件に示されるように強磁性が生じやすい. これに対し, 4s 電子は伝導性が強いためエネルギー幅が広く, かつ状態密度 $D(E_f)$ が小さいため, 両スピンのバンド状態に非対称性が生じにくい. この例にも示されるように, 強磁性を示すバンド電子では, フェルミ準位における状態密度も up スピン電子と down スピン電子数とでは異なっている. このことは, 磁性と伝導が絡む様々な興味深い現象の起因となっており, それを利用したスピンエレクトロニクスと呼ばれる新しい磁気デバイス応用の分野が拓かれつつある.

3.1.4 磁化過程
a. 磁気異方性

強磁性体では通常，磁化の方向によって内部エネルギーが変化する．これは結晶構造の空間対称性に起因する物性であり，結晶磁気異方性と呼ばれる．磁化が向きやすい方向を磁化容易軸，向きにくい方向を磁化困難軸と呼ぶ．六方晶構造である Co の磁気異方性エネルギー E_a は c 軸からの傾き角 θ を用いて次式のように表される．

$$E_a = K_{u1} \sin^2\theta + K_{u2} \sin^4\theta + \cdots \tag{3.27}$$

K_{u1}, K_{u2} は一軸磁気異方性定数と呼ばれ，エネルギーの次元をもつ．K_{u1} は K_{u2} に比べ十分大きいため，上式の第1項だけで近似することもある．この場合，磁気異方性の効果を，大きさが $2K_{u1}/M_s$ で容易軸方向を向く仮想的な磁界で表すこともでき，これを異方性磁界と称する（以下，H_k と記す）．

Fe, Ni は各々，体心立方晶，面心立方晶であり，この場合の磁気異方性エネルギーは，磁化方向の結晶軸に対する方向余弦 α_1, α_2, α_3 により次式で表される．

$$E_a = K_1(\alpha_1^2\alpha_2^2 + \alpha_2^2\alpha_3^2 + \alpha_3^2\alpha_1^2) + K_2\alpha_1^2\alpha_2^2\alpha_3^2 + \cdots \tag{3.28}$$

K_1, K_2 は立方磁気異方性定数と呼ばれる．Co, Fe, Ni の磁気異方性定数は各々以下のような値をとる．

Co：$K_{u1} = 4.5 \times 10^5$, $K_{u2} = 1.4 \times 10^4$, Fe：$K_1 = 4.7 \times 10^4$, $K_2 = -7.5 \times 10^2$, Ni：$K_1 = -5.7 \times 10^3$, $K_2 = -2.5 \times 10^3$ （単位 [J/m^3]）

結晶磁気異方性の発現機構の1つとして，図3.11 に示すような異方的交換相互作用がある．これは，軌道電子分布が非対称の場合，その結晶格子に対する方位によって隣接する電子分布どうしの重なり方が異なることに起因している．酸化物磁性体では，酸素イオンがつくる結晶電場と磁性イオンの軌道電子との相互作用によって異方性が生じており，1イオン異方性と呼ばれている．Co/Pt や Co/

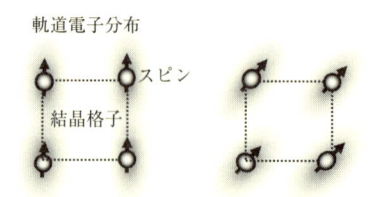

図 3.11 異方的交換相互作用による結晶磁気異方性

Pdなど，磁性金属と貴金属をナノメートルの層厚で積層した多層膜では，界面での電子状態の非対称性や，後述する磁気ひずみ効果によって膜面と垂直方向に大きな磁気異方性が生じることから，磁気記録材料としての研究が行われている．磁化容易軸方向の異なるFeとNiを8：2程度の組成比で合金化した材料はパーマロイと呼ばれ，FeとNiの磁気異方性が相殺されて小さくなるため，磁界センサや磁気シールド材料として利用されている．こういったNi-Fe合金は，磁界中で熱処理を施すとその磁界方向に同種原子対（Fe-Fe対，Ni-Ni対）が選択的に配列し，その方向に異方性が生じる．このように，材料作製あるいは後処理過程で人為的に形成される異方性を誘導磁気異方性という．

上に述べた結晶磁気異方性や誘導磁気異方性は，磁性材料自体の磁気的な異方性である．それに対し材料を加工して用いる場合には，その形状に依存した磁気異方性が現れ，これを形状磁気異方性と呼ぶ．有限の大きさの磁性体では，端部に磁極が表出するため，この端部磁極が磁性体の内部に反磁界と呼ばれる磁界を生じる．反磁界 H_d は磁性体の磁化に比例するが，磁性体の形状および磁化の方向にも依存する．反磁界の x，y，z 成分 H_{di}（$i=x,y,z$）は，磁化の各成分 M_i および各方向の反磁界係数 N_i により次式のように表される．

$$H_{di} = -\frac{N_i}{\mu_0} M_i \tag{3.29}$$

式の負号が意味するように，反磁界は磁化方向と逆向きにはたらくため磁性体の磁気的エネルギーが増大する．一般には反磁界係数 N_x，N_y，N_z は異なる値となるため，反磁界によるエネルギーも磁化の方向に依存する．磁性体が回転楕円体の場合には

$$N_x + N_y + N_z = 1 \tag{3.30}$$

の関係式が成り立つことが知られている．図3.12には，代表的な形状の磁性体について反磁界係数を示している．一例として，図3.12（a）に示すような薄板状の磁性体で，磁化が平板と垂直方向を向く場合について考えてみよう．薄板の上下面に生じる磁極の大きさは等しく，その総和は0となるため，磁性体外部に生じる磁束密度 B_{out} は0である．一方，磁性体内部の磁束密度 B_{in} は磁性体の磁化 M_z と反磁界 H_{dz} により

$$B_{in} = \mu_0 H_{dz} + M_z = -N_z M_z + M_z \tag{3.31}$$

と表される．したがって，磁束密度の連続性（$B_{in}=B_{out}$）から $N_z=1$ が得られる．

(a)　　　　　　(b)　　　　(c)　　(d)

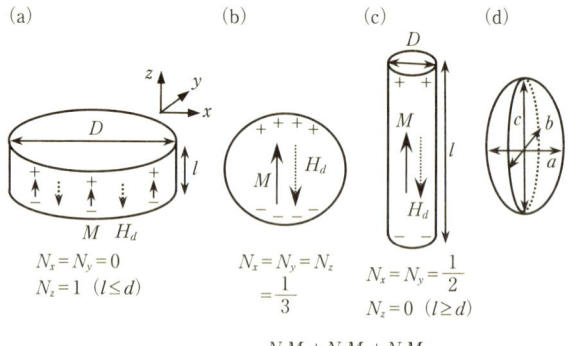

$N_x = N_y = 0$
$N_z = 1 \ (l \leq d)$

$N_x = N_y = N_z = \dfrac{1}{3}$

$N_x = N_y = \dfrac{1}{2}$
$N_z = 0 \ (l \geq d)$

反磁界 $H_d = -\dfrac{N_x M_x + N_y M_y + N_z M_z}{\mu_0}$

図 3.12 様々な磁性体形状における反磁界係数

これは，磁性体内部で磁化による磁束密度を反磁界が完全に打ち消している状態であり，最も大きな反磁界エネルギーが生じている例である．また (3.30) 式より，$N_z = 1$ に対しては $N_x = N_y = 0$ となるため，磁化が薄板面内に向いた場合の反磁界エネルギーは 0 となる．薄板面と垂直方向に大きな結晶磁気異方性などがない限り，磁化は薄板面内に安定化される．

磁性体が球の場合には，対称性より $N_x = N_y = N_z = 1/3$ となる（図 3.12 (b)）．z 軸方向に細長い円柱状磁性体で，磁化が z 軸方向を向く場合，円柱端部の磁極が磁性体内につくる反磁界は無視できるため $N_z = 0$，また対称性より $N_x = N_y = 1/2$ となる（図 3.12 (c)）．この場合，磁化と反磁界との相互作用エネルギーは

$$E_d = -\dfrac{1}{2} M H_d = \dfrac{M^2}{2\mu_0}(N_x \alpha_1^2 + N_y \alpha_2^2 + N_z \alpha_3^2)$$
$$= \dfrac{M^2}{4\mu_0} \sin^2\theta \tag{3.32}$$

となる．この式は (3.27) 式の第 1 項と同じ形式であり，円柱の長さ方向を容易軸とする一軸磁気異方性をもつことがわかる．

磁性体が図 3.12 (d) のような回転楕円体の場合には，反磁界は磁性体内部で一様となり，反磁界は解析的に求められる．ラグビーボール型（$a = b < c$）の場合，形状比（$k_1 = c/a$）を用いて，

$$N_z = \dfrac{1}{k_1^2 - 1}\left\{\dfrac{k_1^2}{\sqrt{k_1^2 - 1}} \ln(k_1 + \sqrt{k_1^2 - 1}) - 1\right\}, \ N_x = N_y = \dfrac{1}{2}(1 - N_z) \tag{3.33}$$

で与えられ，円盤型磁性体（$a=b>c$）の場合は $k_2=a/c$ を用いて

$$N_x = N_y = \frac{1}{2(k_2^2-1)} \left(\frac{k_2^2}{\sqrt{k_2^2-1}} \cos^{-1}\frac{1}{k_2} - 1 \right), N_z = 1 - 2N_x \quad (3.34)$$

のように表される．

b. 磁気ひずみ

外部からの磁界によって強磁性体の磁気モーメントを一方向に揃えると，その方向に依存した結晶格子の伸縮が生じる．このような現象を磁気ひずみ，または磁歪と呼ぶ．磁気ひずみは，磁性原子間の相互作用エネルギーが，磁気モーメントと結晶軸との相対角度に依存して変化することにより生じる．磁気ひずみが等方的である場合には，伸び（縮み）率 $\delta l/l$ は，次式のように表される．

$$\frac{\delta l}{l} = \frac{3}{2}\lambda \left(\cos^2\theta - \frac{1}{3} \right) \quad (3.35)$$

ただし，λ は磁気ひずみ定数，θ は磁気モーメントと結晶軸とのなす角である．

応力により磁性体をひずませた場合には，そのひずみの方向に一軸磁気異方性が生じる．これは磁気ひずみの逆効果と考えることができる．基板上に成膜した薄膜などにおいては，膜中の残留応力と逆磁気ひずみ効果により磁気異方性が生じるため，後述する磁気センサや薄膜インダクタなどの動作特性改善にはその抑制が重要な課題となっている．また，Fe，Co などでは磁気ひずみ定数の大きさは 10^{-5} 程度の値であるが，$SmFe_2$，$TbFe_2$ などの RFe_2（R：希土類）型合金は 10^{-3} を超える巨大磁気ひずみを示すため，振動子やアクチュエータなどに応用されている．

c. 磁区・磁壁

磁性体の磁気モーメントがすべて一方向に揃った状態では，磁性体の表面に磁極が表出する．表面磁極は，磁性体内部に磁気モーメントと逆向きの磁界（反磁界 H_d）を生じるため静磁エネルギーを増大する原因となる．そのため，通常図 3.13 に示すような磁気モーメント方向の異なる領域の形成により，静磁エネルギーを低減させる．このような領域を磁区と呼び，隣接磁区間の境界を磁壁という．磁区の形状は，磁性体内における静磁エネルギー，磁壁エネルギー，磁気異方性エネルギーなどの総和が最小となるように定まる．磁性体の静磁エネルギーは，次式のようないくつかの表現法で表される．

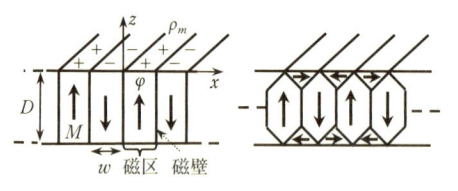

(a) 縞状磁区構造　　(b) 還流磁区構造

図 3.13　代表的な磁区構造と磁壁

$$E_m = \frac{1}{2}\iiint \rho_m \varphi dv = -\frac{1}{2}\iiint H_d \cdot M dv = \frac{\mu_0}{2}\iiint H_d^2 dv \quad (3.36)$$

ここで，ρ_m は $-\nabla \cdot M$ で表される磁極，φ は磁位（磁気スカラポテンシャル）を表す磁位である．φ は，一般には次式のラプラス（Laplace）の式の解として求められる．

$$\Delta \varphi = \frac{\partial^2 \varphi}{\partial x^2} + \frac{\partial^2 \varphi}{\partial y^2} + \frac{\partial^2 \varphi}{\partial z^2} = 0 \quad (3.37)$$

以下，図 3.13（a）のような縞状磁区構造の静磁エネルギーを導出してみよう．各磁区の上下面には $+M$，$-M$ の磁極が交互に現れる．y 方向には磁性体が無限長とし，x 方向への磁区構造の周期性を考慮すると，次式のようなフーリエ級数と指数関数による解の関数形が得られる．

$$\varphi = \sum_{n=1}^{\infty} a_n \sin n\frac{\pi}{d} x \exp\left(-n\frac{\pi}{d} z\right) \quad (n : 奇数) \quad (3.38)$$

周期性から $0 \leq x \leq d$，$d \leq x \leq 2d$ の領域だけを考えればよく，この部分の境界条件は磁性体表面（$z=0$）での磁束密度の連続性（$\nabla \cdot B = 0$）より次のように表される．

$$\mu_0 \frac{\partial \varphi}{\partial z} = \frac{M}{2} \quad (0 \leq x \leq d) \quad (3.39)$$

$$\mu_0 \frac{\partial \varphi}{\partial z} = -\frac{M}{2} \quad (d \leq x \leq 2d) \quad (3.40)$$

(3.38) 式を (3.37) 式に代入し，フーリエ級数の係数を求める要領で a_n を求めると次式が得られる．

$$a_n = \frac{2Md}{\mu_0 (n\pi)^2} \quad (3.41)$$

(3.38) 式，(3.41) 式を (3.36) 式に代入し，1 つの磁区について積分平均する

と，磁性体の単位表面積あたりの静磁エネルギー e_m が次式のように導かれる．

$$e_m = \frac{1}{2} M \sum_{n=1}^{\infty} \frac{1}{d} \int_0^d \frac{2Md}{\mu_0 (n\pi)^2} \sum_{n=1}^{\infty} \sin n\frac{\pi}{d} x \, dx$$

$$= \frac{2M^2 d}{\mu_0 \pi^3} \sum_{n=1}^{\infty} \left(\frac{1}{n}\right)^3 \cong 5.4 \times 10^4 M^2 d \qquad (n：奇数) \qquad (3.42)$$

上下面ではこの2倍となるので，$e_m = 1.08 \times 10^5 M^2 d$ となる．これより，静磁エネルギーは磁区が細分化されるほど（d が小さくなるほど）減少することがわかる．

一方，後でも述べるように磁壁の部分は局所的にエネルギーの高い状態になっている．磁性体の厚さを D，単位面積あたりの磁壁エネルギーを σ とすると，磁壁によるエネルギーの増加分は磁性体の単位表面積あたり $\sigma D/d$ となる．磁区幅は静磁エネルギーと磁壁エネルギーの総和 e が最小となる条件 $\partial e/\partial d = 0$ から

$$w = 3.0 \times 10^{-3} \frac{\sqrt{\sigma D}}{M} \qquad (3.43)$$

のように求められる．

図3.13（b）に示す還流磁区と呼ばれる構造の場合には表面磁極が生じず，また磁化の磁壁法線方向成分が連続であるため静磁エネルギーは生じない．ただし，磁化方向の90°異なる磁区があるため，磁気ひずみによる弾性エネルギーが生じる．弾性エネルギーは磁区の細分化に伴って減少するため，この場合にも弾性エネルギーと磁壁エネルギーの総和が最小となるような安定磁区構造が存在する．

磁壁の部分では，図3.14に示すように磁気モーメントが徐々にその向きを変えている．このような磁気モーメントの方向変化が取り扱える程度にミクロな視点での磁気現象の解析手法は，マイクロマグネティクスと呼ばれている．一例として，図に示すような磁壁法線方向にのみ磁気モーメントの方向が変化する一次元磁壁構造について考える．磁気モーメントが電子のスピンによるものとすると，

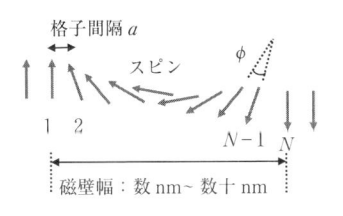

図3.14 磁壁の構造

隣り合う2つのスピン間の交換エネルギーは，(3.24)式より隣接スピン間の角度 φ（$\ll 1$）により次式のように表される．

$$e_{ex}(\text{スピン対}) = -2JS^2\cos\varphi \approx JS^2\varphi^2 (+\text{定数}) \tag{3.44}$$

磁壁法線方向に沿った N 個のスピン列の間でスピンの方向が π [rad] 変化する場合，$\varphi = \pi/N$ となる．格子定数 a の単純立方格子状のスピン配列では，磁壁単位面積あたりの交換エネルギーは，(3.44)式に磁壁内のスピン数 N/a^2 を乗じて

$$e_{ex,w} = JS^2\left(\frac{N}{\pi}\right)^2\frac{N}{a^2} \tag{3.45}$$

となる．一方，磁壁単位面積あたりの磁気異方性エネルギー $e_{a,w}$ は磁気異方性定数 K に磁壁幅 Na を掛けて $e_{a,w} = KNa$ と表される．したがって，磁壁幅（$\propto N$）が増大すると，交換エネルギー（$\propto (1/N)$）は増加し，逆に磁気異方性エネルギー（$\propto N$）は減少する．そのため，以下のように両者の和を最小とする N の値が存在し，これが磁壁の安定構造を与える．

$$\frac{\partial(e_{ex,w} + e_{a,w})}{\partial N} = 0, \quad N = \pi\left(\frac{JS^2}{Ka^3}\right)^{\frac{1}{2}} \tag{3.46}$$

このときの磁壁エネルギーは

$$\sigma = 2\pi\left(\frac{KJS^2}{a}\right)^{\frac{1}{2}} \tag{3.47}$$

となる．鉄などの強磁性金属では，上式の N は 150 程度となり，磁壁幅は約 40 nm，磁壁エネルギーは約 1 mJ/m^2 である．

d．磁化機構

飽和磁化 M_s の磁性体に外部から磁界 H を印加したときの静磁気エネルギー e_m（ゼーマンエネルギー）は，各ベクトルの内積として次式で表される．

$$e_m = -\boldsymbol{M}_s \cdot \boldsymbol{H} \tag{3.48}$$

外部磁界を磁化方向と逆向きに印加すると，上式に従い静磁気エネルギーが増大する．このため，磁化はエネルギーを下げるべく外部磁界と同方向に向きを変えようとする．

磁化の方向変化の仕方は，磁化回転と磁壁移動に大別される．まず磁化回転について述べると，一軸磁気異方性を有する単磁区磁性体に磁界を印加したときのエネルギーは，次式のように表される．

$$E = K_u\sin^2\theta - M_sH\cos(\varphi - \theta) \tag{3.49}$$

3.1 磁気物性

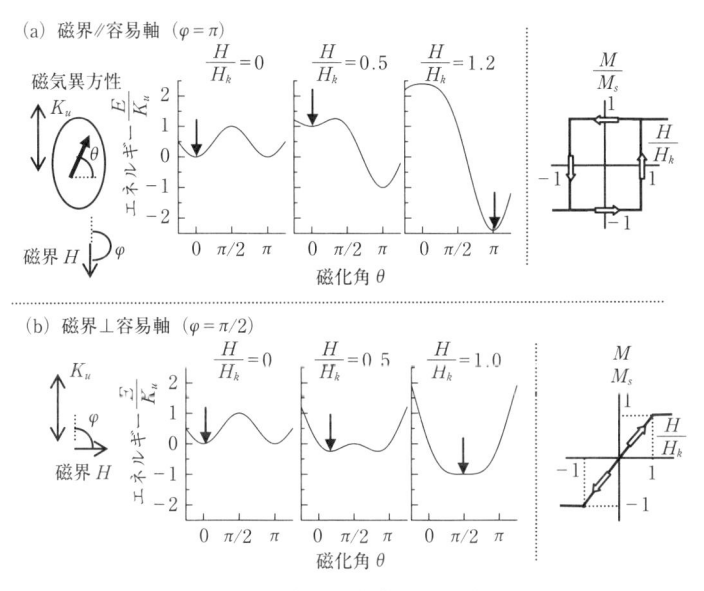

図 3.15 単磁区磁性体の磁化過程

上式で，θ は容易軸と磁化方向のなす角度，φ は容易軸と磁界方向のなす角度を表す．エネルギー安定平衡条件である $\partial E/\partial \theta = 0$, $\partial^2 E/\partial \theta^2 > 0$ を満たす θ が磁化の安定方向を与える．

図 3.15 (a) は，磁界を容易軸と平行で磁化と逆向き（$\varphi = \pi$）に印加した場合のエネルギー変化の様子を示している．磁界が異方性磁界（$H_k = 2K_u/M_s$）の大きさを超えると，$\partial^2 E/\partial \theta^2$ の符号が正から負に転じる．そのため，図に示すようにエネルギーの谷が消失し，もとの磁化の向きがエネルギー的に不安定な状態となり磁化が反転する．このような磁化過程における磁界 H と磁化 M との関係は，同図右に示す角型ヒステリシスと呼ばれる特性で表される．それに対し，磁界を容易軸と直交方向に印加した場合には，図 3.15 (b) に示されるように磁界の増大に伴い磁化が磁界方向に向かって回転していく．磁界の大きさが異方性磁界の大きさに達すると，磁化は磁界方向を向き磁化過程が終了する．図中に示されるように，このとき磁化 M は磁界 H に比例して増大し，比例定数，すなわち磁化率 χ は次式で与えられる．

$$\chi = \frac{M_s}{H_k} = \frac{M_s}{(2K_u/M_s)} = \frac{M_s^2}{2K_u} \qquad (3.50)$$

この式から,磁性体の磁化されやすさの指標である磁化率を向上させるには,飽和磁化の大きな材料を用い,かつ磁気異方性を低減することが重要であることがわかる.

もう1つの重要な磁化機構である,磁壁移動による磁化過程の様子を図3.16に示す.磁壁が磁界 H の印加により x だけ移動すると,磁壁が移動した領域の磁化は,磁界と逆向きから同じ向きに変化するため,磁気エネルギーは $2M_s H_x$ だけ減少する.磁壁エネルギーの減少分を磁壁移動量 x で割った値 $2M_s H$ は,磁壁が磁界 H から受ける圧力に相当する.磁性体中には,様々な要因による磁気特性の不均一が存在し,それが磁壁移動に対する障壁となる.不均一性に起因する磁壁エネルギーの変化に周期性を仮定し,磁壁位置の関数として $e_0(1-\alpha\cos(2\pi/\lambda)x)$ と表すと,その x に関する微分値は磁壁移動に対する復元力を与える.この復元力と磁壁が磁界から受ける圧力とのつり合いの式は,次式のように表される.

$$-2M_s H + \frac{\partial e_0(1-\alpha\cos(2\pi/\lambda)x)}{\partial x} = 0 \qquad (3.51)$$

磁界が小さく磁壁移動量 x が λ に比べ十分小さい場合には,上式は近似的に以下のように表される.

$$-2M_s H + \frac{\partial (e_0 \alpha (2\pi/\lambda)^2 x^2)}{\partial x} = 0 \qquad (3.52)$$

上式より磁壁移動量 $x = 2M_s H/e_0(2\pi/\lambda)^2$ が求められる.したがって,磁壁移動による磁化の増分は $2M_s x = 2M_s 2M_s H/e_0(2\pi/\lambda)^2$ となり,磁化率は $4M_s^2/e_0(2\pi/\lambda)^2$ と表される.この式は,磁壁エネルギーの変化が緩やかな場合に磁化率が小さくな

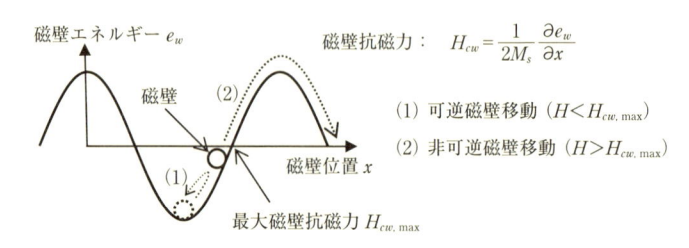

図 3.16 磁壁移動型磁化過程における抗磁力

ることを意味している．図3.16に示すように，比較的小さな磁界での磁壁移動は，磁界が消失するともとの位置に戻る．このような磁壁移動を可逆磁壁移動と呼ぶ．

磁壁が受ける復元力は $x=\lambda/4$ のとき最大値 $e_0\alpha(2\pi/\lambda)$ をとり，これとつり合う圧力を与える磁界は $e_0\alpha(2\pi/\lambda)/2M_s$ となる．磁界がこの値（抗磁力）以上になると，復元力を超える非可逆的な磁壁移動が生じる．上式では，磁壁の広がりを無視しているため，λ の減少に伴い抗磁力が増大する結果となっているが，λ が磁壁幅より小さくなると磁気特性の不均一が磁壁幅内で平均化されるため抗磁力が減少する．このため，抗磁力は λ が磁壁幅と同程度のときに最大となる．

e. 磁化の動力学

磁化 M に磁界 H が作用するとき，両者のなす角を θ とすると，(3.48) 式より磁化 M と磁界 H との相互作用エネルギーは $E=-MH\cos\theta$ と表される．この相互作用エネルギーを角度 θ で微分して負号をつけたものがトルク（回転力）T であり，

$$T = -\frac{\partial E}{\partial \theta} = -MH\sin\theta \tag{3.49}$$

のように表される．この関係は，エネルギーを位置座標で微分して力が得られることと対応している．トルクは M と H の両方に直交する向きに作用し，ベクトル表現として，

$$\boldsymbol{T} = -\boldsymbol{M} \times \boldsymbol{H} \tag{3.50}$$

のように表される．力が作用すると運動量の時間変化，すなわち加速度が生じるように，角運動量にトルクが作用するとその時間変化が生じる．角運動量と磁気モーメントの間の比例定数であるジャイロ磁気定数 γ（$=g\mu_0 e/2m$）を用いると，(3.50) 式から磁化の運動方程式が次式のように導かれる．

$$\frac{d\boldsymbol{M}}{dt} = -\gamma \boldsymbol{M} \times \boldsymbol{H} \tag{3.51}$$

(3.51) 式を各成分ごとに分けて表すと

$$\frac{dM_x}{dt} = -\gamma(M_y H_z - M_z H_y) \tag{3.52}$$

$$\frac{dM_y}{dt} = -\gamma(M_z H_x - M_x H_z) \tag{3.53}$$

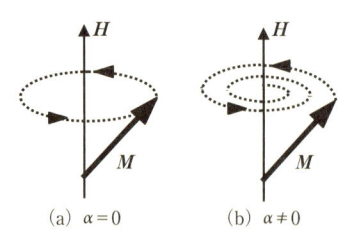

図3.17 磁界を軸とする磁化の歳差運動

$$\frac{dM_z}{dt} = -\gamma(M_x H_y - M_y H_x) \tag{3.54}$$

となる.

いま磁界 H の方向を z 方向 ($H_y = H_z = 0$) とすると, 上式の解として

$$M_x = M\sin\theta\cos\omega t, \quad M_y = M\sin\theta\sin\omega t, \quad M_z = M\cos\theta \quad (\omega = \gamma H) \tag{3.55}$$

が得られる. 上式は, 磁化に磁界が作用すると図3.17 (a) に示すコマの首振りのような歳差運動を行い, その角周波数 ω が磁界の大きさに比例することを示している. これは, 物体の移動運動に例えると摩擦の全くない状態に対応する.

磁化が磁界方向を向くことによりエネルギーを最小化させるには, 磁界の印加で増大したエネルギーを動摩擦的な効果により散逸させる機構が必要となる. このような効果を取り入れた磁化の運動方程式が, 以下の Landau-Lifshitz-Gilbert (LLG) 方程式である.

$$\frac{d\boldsymbol{M}}{dt} = -\gamma \boldsymbol{M} \times \boldsymbol{H} + \alpha \frac{\boldsymbol{M} \times (d\boldsymbol{M}/dt)}{|\boldsymbol{M}|} \tag{3.56}$$

上式の右辺第2項が磁化の回転運動に対する動摩擦に対応する項であり, α はダンピング定数と呼ばれ摩擦の大きさを表す. 実際の磁化の運動は必ず摩擦を伴う ($\alpha \neq 0$) ため, 図3.17 (b) に示すように, 磁化は歳差運動を行いながら磁界方向に向きを変化させていく. このときの磁化方向変化の速さはダンピング定数に依存する. ダンピング定数が大きいときには, 磁化方向の変化が鈍くなる. 逆に非常に小さいときには, 歳差運動の収束性が悪くなる. ダンピング定数が適度な大きさのときに, 磁化方向は最も速く磁界方向に緩和する. この状況は, 力学系での臨界制動状態に対応する.

f. 動的磁化過程

d項で述べたように, 磁性体に磁界が印加されると, 磁化回転や磁壁移動とい

う形で磁化の方向が変化する．交流磁界やパルス磁界を印加した場合には，磁化は磁界の変化にただちには応答できず，時間遅れが生じる．このような応答の遅れは，動的磁化過程におけるエネルギー損失につながるため，応用上重要な問題となってくる．以下では，交流磁界の印加に対して磁性体の磁束密度が位相遅れを生じるときのエネルギー損失について考えてみる．指数関数表示により正弦波交流磁界を $H = H_0 e^{j\omega t}$ と表し，これに対して位相が δ だけ遅れた磁束密度変化を $B = B_0 e^{j(\omega t - \delta)}$ とすると，複素透磁率 $\mu = \mu' - \mu''$ は

$$\mu = \frac{B}{H} = \frac{B_0}{H_0} e^{-j\delta} = \frac{B_0}{H_0} \cos\delta - j \frac{B_0}{H_0} \sin\delta \tag{3.57}$$

と表される．磁性体のエネルギーは磁束密度と磁界の積で表されるので，交流1周期で平均した単位時間あたりのエネルギー損失は

$$E_{loss} = \frac{1}{T}\int_0^T H dB = \frac{1}{T}\int_0^T H \frac{dB}{dt} dt \tag{3.58}$$

と表される．この式は縦軸を B，横軸を H にとった BH ヒステリシス曲線が囲む面積に相当し，ヒステリシスの小さなことが低エネルギー損失の要件であることを示している．ここでは実関数表示を用い，$H = H_0 \cos\omega t$ および $B = B_0 \cos(\omega t - \delta)$ を上式に代入すると

$$E_{loss} = \frac{1}{2} \omega H_0 B_0 \sin\delta = \frac{1}{2} \omega \mu'' H_0^2 \tag{3.59}$$

が得られる．これより，交流動作時のエネルギー損失は複素透磁率の虚数成分に比例することがわかる．一方，複素透磁率の実数成分は磁界印加方向への磁化のされやすさを表す．すなわち，磁界に対する磁化の応答を利用するような分野では，μ' が大きく，しかも μ'' が小さいことが要求され，その比である $\mu'/\mu'' = \tan\delta$ を損失係数と称し，磁性材料の性能指標の1つとして用いている．具体的なエネルギー損失の要因としては，以下に述べるヒステリシス損，渦電流損，共鳴損などがある．

　高周波回路のインダクタンスに用いられるコイルには磁性体が磁心として用いられており，磁性体には微小交流磁界がはたらく．このときの磁化の応答は，磁界が増加，減少する場合の各々について，近似的に次式のような印加磁界の2次関数で表される．

$$M_1 = \chi H + \frac{1}{2}\eta(H - H_m)^2 \qquad (H : -H_m \to +H_m) \qquad (3.60)$$

$$M_2 = \chi H - \frac{1}{2}\eta(H - H_m)^2 \qquad (H : +H_m \to -H_m) \qquad (3.61)$$

上式の η はレーリー (Rayleigh) 定数と呼ばれている．各々の右辺第 2 項は，磁壁が磁性体中の欠陥からの束縛を受けながら不連続的に移動することによるものである．このような磁化過程において生じるヒステリシス損は，ヒステリシス曲線の囲む面積として次式のように表される．

$$\oint M dH = \int_{-H_m}^{+H_m}(M_2 - M_1) dH$$
$$= \int_{-H_m}^{+H_m} \eta(H_m^2 - H^2) dH = \frac{4\eta}{3} H_m^3 \qquad (3.62)$$

強磁性金属材料を高周波域で使用する際には渦電流損が顕著となる．ここでは，無限円柱導体の長軸に沿って交流電流を印加したときの渦電流損について考えてみよう．ファラデーの電磁誘導則 $\mathrm{rot}\boldsymbol{E} = -\partial \boldsymbol{B}/\partial t$ により，導体内の半径 r の円周に沿った電界の周回積分は，円周内磁束の時間微分として $2\pi r E(r) = -\pi r^2 (dB/dt)$ となる．これより，導体の抵抗率を ρ とすると電流密度は $i(r) = -(r/2\rho)(dB/dt)$ となり，渦電流損は

$$P = \frac{1}{\pi R^2}\left(\frac{dB}{dt}\right)^2 \int_0^R E(r) i(r) 2\pi r dr = \frac{1}{\pi R^2}\left(\frac{dB}{dt}\right)^2 \int_0^R r^3 dr$$
$$= \frac{R^2}{8\rho}\left(\frac{dB}{dt}\right)^2 \qquad (3.63)$$

と表される．この式から，渦電流損は周波数の増加に伴い著しく増大するが，導体径の微細化により低減できることがわかる．

抵抗率の増大も渦電流損の低減に有効であり，特にマイクロ波帯のような高周波応用分野では，3.2.1 項で述べるような電気抵抗の著しく大きな酸化物磁性体が用いられる．また渦電流は，その内側に磁束密度変化を妨げるような磁界をつくるため，導体中心に近づくに従って減少する（表皮効果）．導体表面の渦電流に比べ $1/e$ に減衰する深さを侵入深さあるいは表皮深さ (skin depth) と呼び，近似的に $\sqrt{2\rho/\omega\mu}$ で表される．表皮効果による渦電流の導体表面への集中を考慮すると，渦電流損は (3.63) 式よりもさらに大きな値となる．

共鳴損失にも様々な要因がある．磁性体を励起する電磁界の波長 λ は

$$\lambda = \frac{c}{f\sqrt{\varepsilon_r \mu_r}} \qquad (\mu_r：比透磁率，\varepsilon_r：比誘電率) \qquad (3.63)$$

と表されるが，波長 λ の 1/2 が磁性体サイズに等しくなるような周波数では磁性体内に電磁波の定在波が生じるため，共鳴が生じ損失が大きくなる．このような共鳴は寸法共鳴と呼ばれる．

磁気異方性を有する磁性体中では，磁化にはa項で述べた等価的な異方性磁界 (H_k) がはたらいていると考えることができ，(3.56) 式より角周波数 $\omega = \gamma H_k$ の交流磁界の印加に共鳴して歳差運動を行う．このような磁気共鳴を自然共鳴と呼び，自然共鳴周波数 $\omega_n = \gamma H_k$ が磁性体を交流で動作させるときの周波数上限を与える．a項で扱った一軸磁気異方性の場合，異方性等価磁界 H_k は $2K_u/M_s$ であるから，自然共鳴周波数は $2\gamma K_u/M_s$ となる．自然共鳴周波数では，磁化率の虚数成分が最大となり，その近傍の周波数で共鳴損が生じる．自然共鳴周波数 ω_n と磁化率 χ ((3.50) 式参照) との積は

$$\omega_n \chi = \frac{2\gamma K_u}{M_s} \frac{M_s^2}{2K_u} = \gamma M_s \qquad (3.67)$$

で与えられる．この式は，磁気異方性の増減が磁化されやすさ（磁化率）と動作周波数上限（自然共鳴周波数）のどちらかを損なうことを示しており，このような性能限界をスネーク (Snoek) の限界と呼んでいる．

ステップ的な磁界変化に対する磁化の応答の遅れが，原子の移動や磁化の熱ゆらぎに起因する場合もあり，総称して磁気余効と呼ばれている．炭素鋼における炭素原子の格子位置移動や，熱による磁性微粒子の確率的な磁化反転などが代表的な現象である．

3.2 磁性材料

3.2.1 ソフト磁性材料

1 kA/m 以下の比較的小さい動作磁界範囲で大きな磁束密度変化を誘起する磁性材料を，ソフト磁性材料または軟磁性材料と呼んでいる．次項で述べるハード磁性材料とは，ちょうど正反対の特性をもつ材料系である．微弱な高周波磁界に対して高感度に応答する材料系は，高透磁率材料とも呼ばれる．これらの材料系に要求される磁気特性は，初透磁率 μ_i が大きく，かつ保磁力が小さいことである．

初透磁率 μ_i は，飽和磁束密度 B_s，磁気異方性定数 K，磁歪定数 λ，材料の内部応力 σ，定数 a，b により

$$\mu_i \propto \frac{B_s^2}{aK + b\lambda\sigma} \tag{3.68}$$

のように表される．すなわち高透磁率の実現には，磁束密度を増大するとともに磁気異方性と磁歪をともに低減することが重要となる．ソフト磁性材料は，磁界変化に対する高感度な応答性を活用して，電力応用分野，磁界センサ，インダクタンスなどの様々な分野に応用されている．

Fe に Si を数％程度添加した電磁鋼板は，電力分野で用いられる代表的なソフト磁性材料である．Fe-Si 合金は Si 含有量 6.5％で磁歪定数 λ が最小となり，高い透磁率が得られるが，Si 含有量の増加に伴い機械的な脆さが増し，図 3.18 に示すような圧延加工が困難となる．また，含有 Si の増加は飽和磁化の減少を招いてしまう．このため，実用的には Si 含有量 3％程度以下の材料が用いられている．低温下での圧延加工と圧延後の熱処理により，図 3.18 に示すように体心立方構造の (110) 面が圧延面と平行で，Fe の磁化容易軸である [001] 方向が圧延方向に揃った結晶組織の形成が可能である．このような材料は方向性電磁鋼板と呼ばれ，特に [001] 方向への磁界印加に対して優れた高透磁率特性を示すため，電力用トランスの磁芯材料などに用いられている．一方，モーター，発電機などの回転機器の鉄心では磁界方向が多方向であるため，無方向性の電磁鋼鈑が用いられる．大電力を扱う電力機器においては，動作時のエネルギー損失の低減が重要な課題となっている．結晶軸の配向性向上に向けた製造工程の改良や，磁化の方向変化が集中し損失の主要因となっている磁壁の制御法をはじめ，様々な技術が開発されている．

[001] 方向を容易軸とする Fe と [111] 方向を容易軸とする Ni を適切な組成で合金化した材料はパーマロイ (permalloy) と呼ばれ，保磁力が非常に小さく微弱磁界に対して感度よく応答できるため，磁界センサ，磁気記録ヘッド，磁気シールド材料などエレクトロニクス分野におけるソフト磁性材料の代表格である．Ni 組成比 80％において，磁気異方性定数 K と磁歪定数 λ がともに 0 に近くなり，(3.68) 式右辺の分母が 0 となることからもわかるように，理想的なソフト磁気特性が実現できる．センダストと呼ばれる Fe(9.6％)-Si(5.4％)-Al の Fe 系合金材料においても，K，λ がともにほぼ 0 となり高透磁率材料として実用化されてい

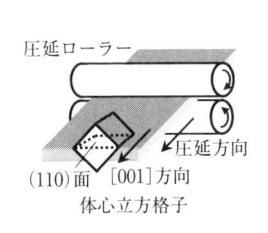

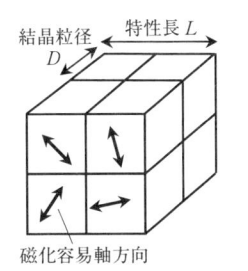

図 3.18 電磁鋼板の圧延加工　　**図 3.19** ランダム磁気異方性モデル

る．高密度磁気記録ヘッドでは発生磁界の増大を図るため，高飽和磁束密度を有するソフト磁性材料が要求されている．これに対応する材料系として，3元系のFeCoNi 合金なども開発されている．

　Fe，Co，Ni に Si，B，P，Zr，Ta，Hf などの非磁性元素を20%程度含有させた合金材料を，液相や気相の状態から急冷して固体化させると，非磁性元素によって乱された原子配列状態が安定化され，周期的な結晶構造をもたない非晶質強磁性金属が得られる．非晶質状態は，磁壁移動を妨げる結晶粒界が存在せず，結晶磁気異方性もないなど，ソフト磁性材料としての構造的な適性を有している．また，非磁性元素の含有は導電率を低下させることから，渦電流損失の低減にも有効である．現在，Co および Fe を主たる構成元素とする Co 基材料と Fe 基材料の2つの材料系が実用化されている．Co-Fe-Si-B などの Co 基材料は，磁歪定数が小さく高透磁率特性に優れているため，スイッチング電源用インダクタ磁心，ノイズフィルタ用コイルなどに用いられている．Fe-Si-B 系の Fe 基材料は飽和磁束密度が高く，電磁鋼板に比べ低損失であることから，トランス磁心材料などに用いられている．

　ソフト磁性材料分野におけるナノテクとして，ナノメートルサイズの極微細結晶粒によるソフト磁気特性の向上技術が開発されている．ナノ結晶による磁気特性ソフト化の機構は以下のように理解することができる．磁化の方向変化に要する距離の目安として，交換スティフネス定数 A と磁気異方性定数 K により特性長 $L \approx \sqrt{A/K}$ が定義される．体積 L^3 の中に含まれる粒径 D の結晶粒の数 N は $(L/D)^3$ である．図 3.19 のように，磁化容易軸の方向がランダムであるとすると，D が磁化方向の変化幅である L より小さい場合には，各結晶粒の磁化は磁化容易軸方向を向くことができず，体積 L^3 内で平均化された磁気異方性を感じながらほ

ぽ方向を揃えて磁界の変化に応答する．このことによる実効的な磁気異方性の低下は $K/\sqrt{N}$ で表され，磁気異方性定数の粒径異存性を表す式として $K \propto D^6$ が導出される．合金系ソフト磁性材料の L は数十 nm なので，上記のようなソフト化が発現するのは数十 nm 以下のナノ結晶領域となる．$Fe_{73.5}Cu_1Nb_3Si_{13.5}B_9$ の熱処理により，結晶粒径 10 nm 程度の強磁性相を非磁性層中に析出させた実用材料が開発されている．絶縁体である酸化物や窒化物を非磁性層に用いることにより電気抵抗率を増大させ，GHz 帯域までの高周波動作に適用可能な材料系も実現されている．

フェライトと呼ばれる組成式 $M^{2+}Fe_2^{3+}O_4^{2-}$ で表される Fe 系酸化物は，合金系材料に比べ電気抵抗が非常に大きいため高周波用磁性材料として用いられている．その結晶構造はスピネル構造と呼ばれ，単位構造が組成式の 8 倍に相当する 56 個の原子から構成される．M^{2+} と Fe^{3+} は，面心立方格子を形成する 4 個の O^{2-} がつくる 4 面体の間（A 位置）または 6 個の O^{2-} がつくる 8 面体の間（B 位置）のいずれかに位置する（図 3.20）．M^{2+} が A 位置に，Fe^{3+} が B 位置に配置した構造を正スピネルと呼び，M^{2+} が B 位置に，Fe^{3+} が A 位置と B 位置に 1 個ずつ配置する構造を逆スピネルと呼ぶ．逆スピネルである $NiFe_2O_4$ は，1 組成式あたり約 2 μB の磁気モーメントをもつ．これは，ちょうど B 位置の Ni イオンがもつ磁気モーメントに相当する．逆スピネルの磁性は，図 3.20 に示すような O^{2-} を挟む A 位置と B 位置の Fe^{3+} 間に作用する，超交換相互作用と呼ばれる間接的な相互作用により次のように説明されている．O^{2-} の 2p 軌道電子が励起され，隣接する A 位

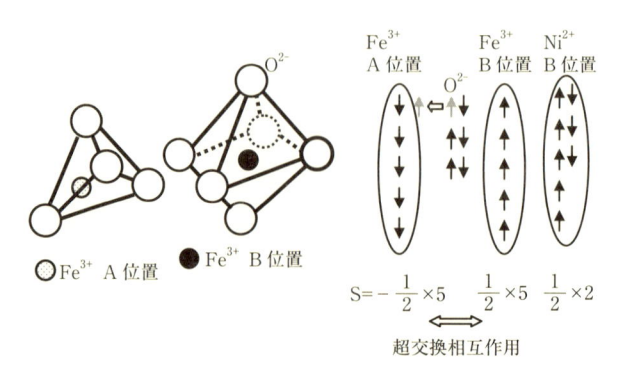

図 3.20 逆スピネル酸化物磁性体（$NiFe_2O_4$）のスピン構造

置のFe^{3+}の3d軌道に遷移した状態を考える．図においてFe^{3+}の3d軌道のdownスピン状態は占有されているため，O^{2-}の3p軌道から遷移できるのはupスピン電子である．1電子の遷移により開殻となり磁性を帯びたO^{2-}とB位置のFe^{3+}の間には反強磁性的な相互作用がはたらく．そのため，A位置とB位置のFe^{3+}はO^{2-}のp軌道を介して反強磁性的に結合することになり，2個のFe^{3+}の磁気モーメントの総和は0となる．この結果，Ni^{2+}の磁気モーメントが1組成式あたりの総磁気モーメントとなる．すなわち，逆スピネルではB位置に入るM^{2+}の磁気モーメントが有効な磁気モーメントとなっている．以上のように，大きさの異なる磁気モーメントが反平行状態となり，差し引き分の磁気モーメントが一方向に揃い強磁性的な特性を示す物質をフェリ磁性体という．

実用材料としては，NiZnフェライトのように，逆スピネルであるNiフェライトと正スピネルであるZnフェライトを混合させたフェライトが用いられている．NiとZnの混合比を $(1-x):x$ とすると，組成式 $Fe^{3+}_{(1-x)}Zn^{2+}_{x}[Ni^{2+}_{(1-x)}Fe^{3+}_{(1+x)}]$ のように表される．この組成式で表される磁気モーメントを $n\mu_B$ とすると

$$n = -5(1-x) + 2(1-x) + 5(1-x) = (10-2)x + 2 \qquad (3.69)$$

となる．この結果は，非磁性イオンであるNiの増加により磁気モーメントが増大するという興味深い現象を示している．ただし，Znの混合比が過剰になるとA位置の磁性が薄められて超交換相互作用が弱まるため，$x=0.5$程度で磁気モーメントは最大となる．スピネルフェライト以外の実用的なフェリ磁性体として，ガーネット型フェライトがあり，その一般式は$R_3Fe_5O_{12}$（R：希土類イオン）で表される．RとしてY（イットリウム）をもつイットリウム鉄ガーネットはYIGと略称され，マイクロ波帯の高周波磁性材料として用いられている．

3.2.2 ハード磁性材料

ソフト磁性材料と反対に大きな保磁力を有し，外部磁界の印加に対しても磁化方向変化の起こりにくい材料がハード磁性材料，すなわち磁石である．磁界発生源としてモーター，スピーカーなどの機械的可動部をはじめ，医療機器，各種計測器など様々な用途に用いられている．高保磁力に加えて要求される材料特性として，飽和磁化が大きく外部に大きな磁界を発生できること，キュリー温度が高く高温下での使用が可能であることなどがあげられる．

磁性体に外部磁界が印加されたときの静磁エネルギーは，磁界 H と磁束密度 B

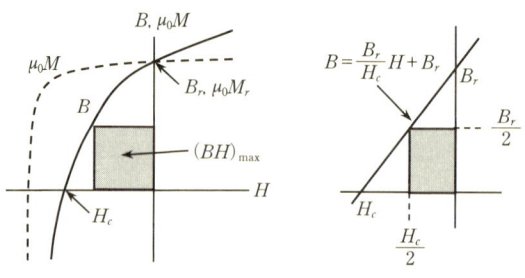

(a) 最大 BH 積の動作条件 　　(b) 磁化過程の直線近似

図 3.21 ハード磁性材料の BH ヒステリシス特性

により $-\boldsymbol{B}\cdot\boldsymbol{H}$ で表される．ハード磁性材料の性能は，外部磁界に抗して維持できる静磁エネルギーの大きさで表され，図 3.21 (a) に示す BH ヒステリシス曲線の第 2 象限部分（$H<0$, $B>0$）における B と H の積の最大値（$(BH)_{\max}$）が性能指標に用いられる．磁束密度には磁界の寄与も含まれるため（$B=\mu_0(H+M)$），BH ヒステリシス曲線は右肩上がりの形状となる．図 3.21 (b) のように BH ヒステリシスの第 2 象限部分を直線近似すると，BH 積は $H=0$ における残留磁束密度 B_r，保磁力 H_c を用いて

$$-BH = -\left(-\frac{B_r}{H_c}H + B_r\right)H = \frac{B_r}{H_{c,B}}\left\{\frac{H_c^2}{4} - \left(H + \frac{H_c}{2}\right)^2\right\} \quad (3.70)$$

となり，$H=-H_c/2$ のときに最大値 $B_r H_c/4$ をとる．

　ハード磁性材料の保磁力発現機構として，ニュークリエーション型と磁壁ピニング型がある．ニュークリエーション型では，磁界印加により磁性体内の一部分の磁化が反転し，それが全体に広がる形で全体の磁化反転が進行する．この場合の保磁力は，磁気異方性定数 K から見積もられる保磁力（$=2K/M_s$）よりも 1 桁程度小さく，

$$H_c = \alpha \frac{2K}{M_s} - NM_s \quad (3.71)$$

のように表される．α は磁気異方性の方向分散や，磁性体の構造的欠陥などに起因した磁気異方性の減少係数を表し，N は磁性結晶粒の界面における局所的な反磁界効果を表している．一方で磁壁ピニング型では，内部応力や磁気特性の不均一により磁壁エネルギーが局所的に小さくなり，そこに磁壁がピン止めされた状態となっている．このピン止めの強さによって保磁力の大きさが決められる．

実用材料としてのハード磁性材料は，フェライト系と希土類系に大別される．フェライト系では，一般式 $MFe_{12}O_{19}$ で表されるマグネトプランバイト（magneto-plumbite）構造と呼ばれるフェリ磁性酸化物が実用化されている．組成式中の 12 個の Fe^{3+} イオン（3d 電子数 = 5）のうち，8 個が up スピン，4 個が down スピンとなっており，差し引き 5 mB×4 = 20 mB の磁気モーメントとなっている．結晶構造は六方晶系であり，その構造的な異方性が磁気異方性の要因となっている．組成式の 2 価イオン M として Ba，Sr などが用いられ，数十 kJ/m^3 の $(BH)_{max}$ が得られている．

3.3 磁気記録技術

3.3.1 磁気記録の原理

磁気記録は，強磁性体中の磁化方向により情報記録を行う技術である．ハードディスク装置（HDD），磁気テープ装置などが，コンピュータの補助記憶装置，ディジタル録画装置など，大容量の情報記録を必要とする様々な分野に用いられている．1955 年に現在の HDD の原型となる装置が製品化されており，この HDD は直径 24 inch（1 inch = 2.5 cm）の磁気記録媒体（ディスク）を 50 枚用いた大型の装置であるが，その記録密度は 5 MB であった．以降，記録密度は様々な技術の開発により，10 年で 10 倍程度の割合で向上を続けてきた．

HDD における情報の記録は，図 3.22 に示すような磁化ベクトル方向が遷移する領域（磁化転移）の有無を，2 進情報の「1」，「0」に対応させる形で行われている．情報記録媒体には，強磁性合金薄膜をガラスや Al 製の円板状基板に成膜したものが用いられている．情報の書き込みは，磁気ヘッドと呼ばれる微小な磁

(a) ディスク回転部　　　　　　(b) 記録媒体（ディスク）

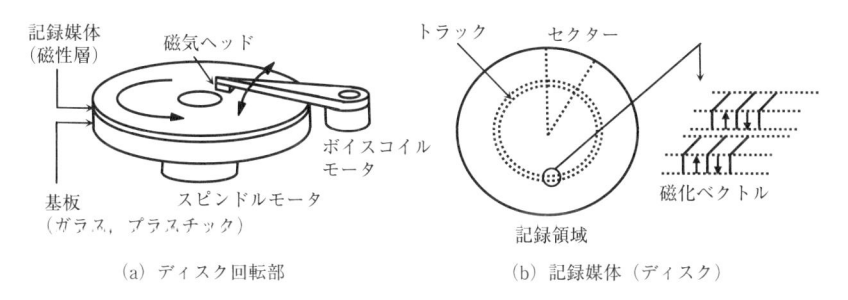

図 3.22　ハードディスク装置（HDD）の構造

界発生素子からの磁界を用い，磁気記録媒体の磁化方向を反転させ磁化転移を形成することにより行われる．スピンドルモータによるディスク回転に伴い，記録媒体上を円周方向に相対移動する磁気ヘッドから記録情報に応じた磁界を発生させることによって，トラックと呼ばれる円周方向への情報列が記録される．磁気ヘッドは，ボイスコイルモータとサーボ制御により，半径方向に沿った高精度の位置決めが行われ，同心円状の多数のトラックに情報が記録されている．各トラック群を円周方向に分割した記録領域をセクタと呼び，データ位置の指定に用いられる．トラックに沿った線記録密度を BPI (bit per inch)，半径方向のトラック密度を TPI (truck per inch) で表している．

従来は図 3.23 (a) に示すように，磁化方向を記録媒体面に平行とする面内磁気記録方式が採られていた．この方式では，磁化転移領域で同極性の磁極どうしが向き合うため，その近傍に大きな反磁界が生じ記録磁化状態を不安定化させる．これに対し，図 3.23 (b) の垂直磁気記録方式では，磁化転移領域の記録層表面には逆極性の磁極が隣接して生じるため，磁化転移近傍での反磁界が減少する．このため高記録密度化に適しており，現在生産されている HDD には垂直磁気記録方式が採用されている．

図 3.24 は垂直磁気記録方式に用いられる磁気ヘッドの概略図である．主磁極周囲に形成されたコイルからの電流磁界により主磁極先端部を磁化し，先端部の磁極面から記録層に向かって磁界を発生させている．磁極面からの磁界分布は，カールキスト (Karlqvist) の式と呼ばれる近似式により次のように表される．

$$H_z(x, z) = \frac{H_0}{\pi}\left\{\arctan\left(\frac{x+(W/2)}{z}\right) - \arctan\left(\frac{x-(W/2)}{z}\right)\right\} \quad (3.72)$$

(a) 面内磁気記録方式　　(b) 垂直磁気記録方式

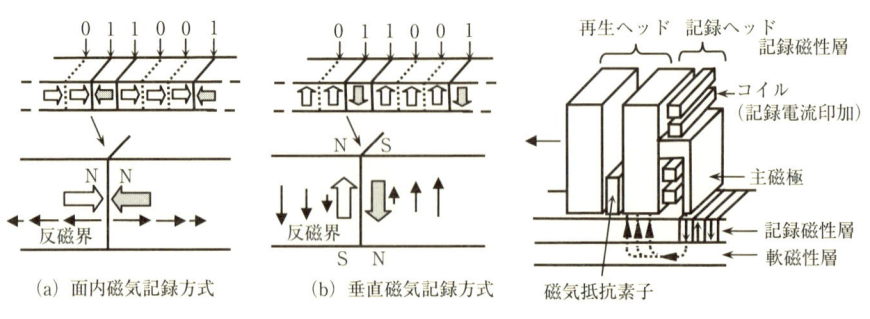

図 3.23 ハードディスクの磁気記録方式

図 3.24 磁気ヘッドの構造

3.3 磁気記録技術

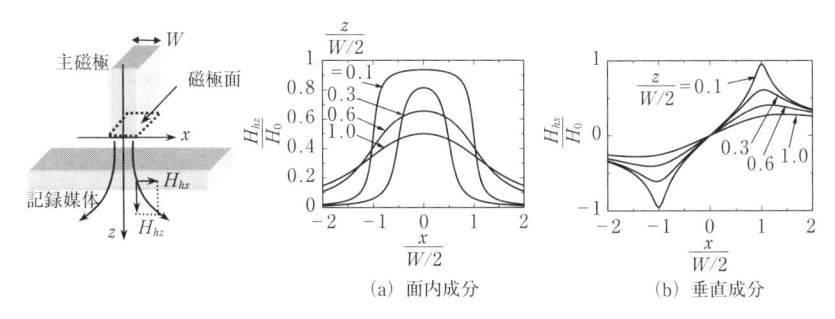

図 3.25 記録ヘッドからの記録磁界分布

$$H_x(x, z) = \frac{H_0}{2\pi} \log\left\{\frac{(x+W/2)^2 + z^2}{(x-W/2)^2 + z^2}\right\} \tag{3.73}$$

上式で，H_z, H_x は各々，磁界の垂直方向成分，トラック方向成分である．H_0 は主磁極先端の磁極面中心部の磁界，W はトラック方向の主磁極幅を表す．H_0 の具体的な大きさは主磁極の飽和磁化によって決まる．

図 3.25 に（3.72），（3.73）式で表される記録磁界分布を示す．トラックに沿った線記録密度を上げるためには，磁化転移を急峻にして磁化転移間の距離を狭めることが重要となる．したがって，ヘッド磁界の膜厚方向成分の空間変化の急峻性が要求され，図 3.25 のヘッド磁界分布に示されるように，ヘッド先端と記録磁性層とを接近させて記録動作を行う必要がある．現在のハードディスクでは，ディスク回転時にヘッドが受ける空気圧により，ヘッド先端が記録層表面から数 nm の距離を浮上走行している．記録層の下部には，ヘッド磁界の急峻性および強度向上のために軟磁性層が積層されている．記録時には記録ヘッド，記録磁性層，軟磁性層により磁気回路が形成され，磁束がこの間を循環する形となるため，上記の顕著な効果が得られている．また，記録情報の保持に際しても，図に示すように磁化転移を挟む両側の磁化と軟磁性層の間で磁束が閉じるため，記録磁化状態の安定化にも寄与している．

図 3.26 は垂直磁気記録方式での情報記録過程を示している．主磁極部のコイルへの電流極性を切り替えるとヘッド磁界が反転し，ヘッド磁界の膜厚方向成分が記録磁性層の保磁力を超える領域で磁化反転が生じる（$t=t_1$ の状態）．ディスクの回転によるヘッドと記録媒体との相対移動に伴い，磁化反転領域がヘッドの相対移動方向に拡大するため，電流極性を切り替えない間は 2 進情報の 0 が記録さ

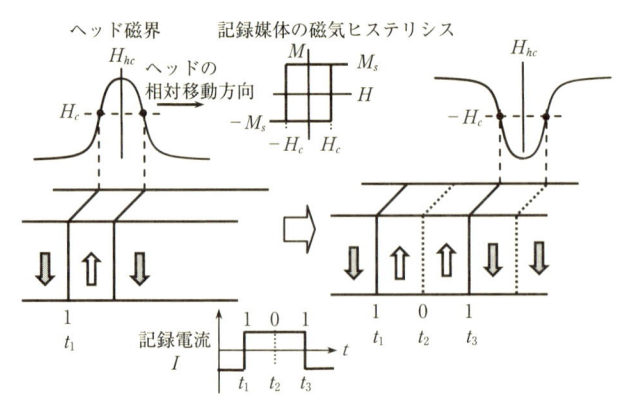

図 3.26 垂直磁気記録方式の情報記録過程

れていく（$t = t_2$）．電流極性が切り変わると再び磁化反転が生じ，情報1が記録される（$t = t_3$）．

情報の読み出しは，磁化転移部分からの漏れ磁界を磁気抵抗素子により電圧信号に変換することによって行われる．磁気抵抗素子は両側から軟磁性層で挟まれた構造となっている．これにより，磁気抵抗素子直下からの漏れ磁束のみが検出され，それ以外の部分からの漏れ磁束は難磁性層側に吸収されるため，高分解能での読み出しが可能となる．

3.3.2 高密度磁気記録技術

媒体表面における単位面積あたりの記録情報量を増加させるために，様々な技術が駆使されている．垂直磁気記録方式の記録媒体には，Coを主構成元素とするCoCrなどの強磁性合金薄膜が用いられている．CoCr膜の構造は，図3.27に示すように膜面と垂直方向に成長した柱状のCo結晶粒間にCrが析出した構造となっている．Co結晶粒の一軸磁気異方性軸は柱状結晶の長手方向となるため，磁化は膜面に対して上向きと下向きが安定方向となる．トラックに沿った線記録密度を上げるためには，磁化転移幅を極力狭めることが必要であるが，それにはヘッド磁界分布の急峻性に加えて，記録磁性層のヒステリシス曲線の勾配（図3.27に示す dM/dH）を急にすることが重要である．ヒステリシス曲線の勾配は，個々のCo結晶粒の形状，磁気異方性強度，容易軸方向などのばらつきに依存しており，これらを均一にすることにより図3.26に示す理想的な角型ヒステリシスに近

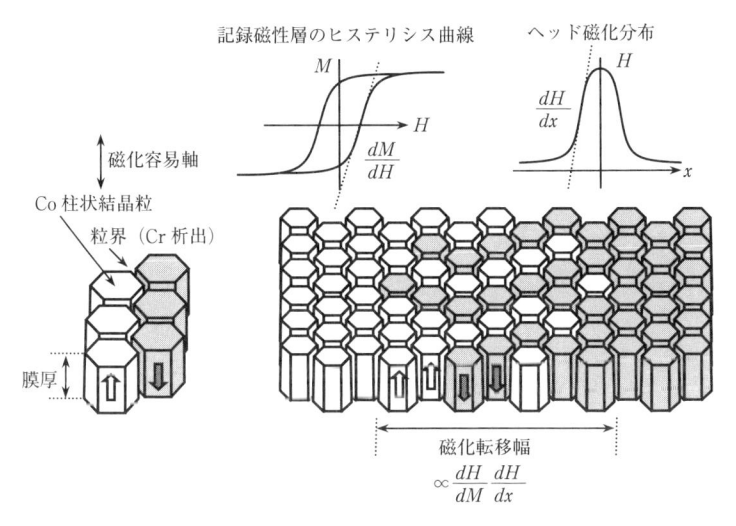

図3.27 垂直磁気記録媒体の構造

づけることが要求される．

また，磁性結晶粒どうしが磁気的に結合していると隣接結晶粒を引きつれて磁化反転が生じるため，磁化転移幅が広がる一因となる．磁化転移幅を狭めるもう1つの要件は，Co柱状結晶粒の微細化であるが，それには記録情報の安定性との調整が必要となる．記録情報の安定性は，磁気異方性により規定される双安定状態間のエネルギー障壁（ΔE）によって確保されている．情報記録に利用される一軸磁気異方性材料の場合，その大きさは磁気異方性エネルギー定数K_uと結晶粒体積vの積で表される（$\Delta E = K_u v$）．記録情報を不安定化する主要因は，結晶粒の磁化が環境温度から受ける熱擾乱であり，その大きさはボルツマン定数k_Bと絶対温度Tの積（$k_B T$）で表される．結晶粒の磁化が熱擾乱を受けてその向きを反転するまでの平均時間τは，ボルツマン統計より次式のように表される．

$$\tau = \frac{1}{f_0} \exp \frac{\Delta E}{k_B T} \tag{3.74}$$

上式のf_0は試行周波数（attempt frequency）と呼ばれ，その逆数が状態変化に要する最短時間に対応し，1 GHz程度の値が用いられる．$\Delta E / k_B T$の値は記録情報の安定を表す指標として用いられ，10年間程度の記録情報安定性を確保するためには60以上が必要とされている．すなわち，高記録密度化に向けた磁性結晶粒体

積（v）の微細化に際しては，K_u の増大が必要となることがわかる．
　一方，磁化反転に要する磁界強度は磁気異方性エネルギーに比例することから，K_u の増大はヘッド磁界の増大を要求することとなり，主磁極材料として Co-Fe 合金などの高飽和磁化材料が用いられている．1 Tbit/inch^2（10^{12} bit/inch）の記録密度の実現には，磁性結晶粒径を数 nm に微細化する必要がある．そのような微細結晶粒において，記録情報を安定化するには大きな垂直磁気異方性が必要となるため，FePt 合金などの新しい記録材料系が検討されている．こういった高磁気異方性材料に情報記録を行うには，Co-Fe 合金系の記録ヘッドでも発生磁界強度が十分ではなく，ヘッド磁界以外のエネルギーを併用する新規記録方式の検討も進められている．例えばマイクロ波アシスト磁気記録は，ヘッド磁界と重畳して記録媒体の強磁性共鳴周波数近傍の局所交流磁界を印加することにより高効率の歳差運動を励起し，磁化反転を促進する方法である．また，収束レーザ光を記録媒体に照射して局所的に昇温させ，保磁力を低下させた状態でヘッド磁界により磁化反転を行う熱アシスト磁気記録方式なども提案されている．さらに，記録媒体薄膜の微細加工や自己組織化プロセスにより，磁性体のパターン配列を形成し，1 パターンを 1 ビットの情報記録に用いるパターン媒体の検討も進められている．

3.4　スピントロニクス

3.4.1　スピン依存型電気伝導

　電子がもつ電荷とスピンの両方の機能性を活用することにより，高性能の磁界センサや新しいタイプのメモリが開発されており，このような融合技術分野はスピントロニクスと呼ばれている．その先駆けとして，図 3.28 に示すような磁性体と非磁性体を交互に積層した多層膜において，対面する磁性層のなす角度によって電気抵抗が著しく変化する現象が 1988 年に発見された．この電気抵抗変化は，それまでに知られていた異方性磁気抵抗効果に比べ著しく大きいことから，巨大磁気抵抗効果（GMR：giant magnetotresistance effect）と呼ばれている．代表的な材料系は，Fe/Cr 多層膜や Co/Cu 多層膜などである．これらの多層膜では，スピン偏極した伝導電子により，非磁性金属層を介した磁性層間に磁気的な相互作用がはたらく．この相互作用は非磁性層厚により周期的に変化し，特定の厚さでは各磁性層を互いに反平行とするような効果を生じる．そのため図 3.28（b）

3.4 スピントロニクス

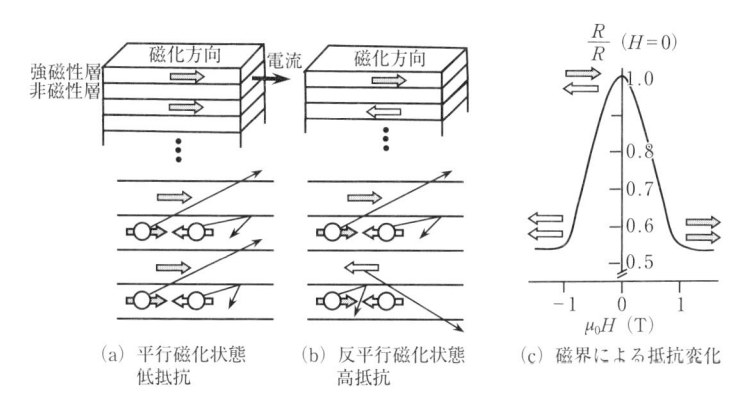

(a) 平行磁化状態
低抵抗

(b) 反平行磁化状態
高抵抗

(c) 磁界による抵抗変化

図 3.28 巨大磁気抵抗効果の発現機構

に示すように，各磁性層の磁化が交互に逆向きとなった反平行磁化状態が安定状態となる．この状態で外部から磁界を印加すると，全層の磁化が磁界方向に向きを揃え平行磁化状態へと変化する（図 3.28 (a)）．電気抵抗は平行状態で最小，反平行状態で最大となり，図 3.28 (c) に示すように外部磁界の大きさに応じてその間の値をとる．

巨大磁気抵抗効果の生じる物理機構は以下のように説明される．電気抵抗率 ρ は電子数 n，有効質量 m^*，緩和時間 τ により $m^*/(ne^2\tau)$ と表される．ここで τ は電界により加速された電子が原子と衝突した後，次に衝突するまでの平均時間である．磁性層と非磁性層の界面では，各層原子の合金化やバンド状態の不連続性により，特に電子の衝突散乱が起こりやすい状況になっており，巨大磁気抵抗効果の発現の要因となっている．伝導電子は up スピンと down スピンの 2 種類に区分されるが，平行磁化状態ではそのどちらかが磁性層の磁化と同方向で，もう片方は逆向きとなる．このため，up スピンと down スピンは異なる電気抵抗率 $\rho\uparrow$, $\rho\downarrow$ を示し，全体の抵抗率はこれらの並列抵抗として $((1/\rho\uparrow)+(1/\rho\downarrow))^{-1}$ と表される．反平行磁化状態においては，磁性層の磁化が両方向を向いているため，up スピンと down スピンの電気抵抗率はいずれも $\rho\uparrow$, $\rho\downarrow$ の平均値となり，全体の抵抗率 ρ_{ap} は $(\rho\uparrow+\rho\downarrow)/4$ となる．したがって，平行磁化状態を基準にした抵抗変化率は $\rho\uparrow$, $\rho\downarrow$ を用いて次式のように表すことができる．

$$\frac{\rho_{AP}-\rho_P}{\rho_P}=\frac{(\rho\uparrow-\rho\downarrow)^2}{4\rho\uparrow\rho\downarrow} \tag{3.75}$$

Fe(3 nm)/Cr(0.9 nm)を単位構造として60周期積層した多層膜において，20％の抵抗変化率が得られている．Co/Cu多層膜では，さらに大きな50％程度の抵抗変化率が観測されている．これらの抵抗変化率は異方性磁気抵抗効果に比べて1桁程度大きく，磁界センサなどへの応用が期待された．しかしながら，磁性層間の相互作用が非常に強く，反平行磁化状態から平行磁化状態への変化に1T程度の磁界強度が必要であるため，微弱磁界の検出には不向きである．そのため，低磁界で平行・反平行磁化状態を実現する方法として，保磁力の異なる磁性層を用いる方法が開発された．磁界強度を各磁性層の保磁力の中間の値に設定することにより，保磁力の小さな磁性層の磁化方向だけを変化させることができる．

さらに，片方の磁性層に反強磁性膜を積層することで，より顕著な保磁力差を付与した多層膜構造も開発された．このような構造はスピンバルブと呼ばれ，ハードディスクの磁気ヘッドなどの高感度な磁界検出デバイスとして応用されている．スピンバルブに用いられるFeMnなどの反強磁性膜は，原子層ごとに磁気モーメントの方向が反平行で，全体としては磁化をもたないため磁界印加に対して安定である．一方，各原子層内の磁気モーメントの方向は揃っているため，原子層単位では磁化を有している．これにより，対面する磁性層の磁化方向を積層界面間の交換結合によって固定することができる．

磁性層/絶縁層/磁性層からなる積層膜において，絶縁層が十分に薄いと両磁性層間に電圧を印加した際にトンネル電流が流れる．印加電圧とトンネル電流の比であるトンネル抵抗は，巨大磁気抵抗効果と同様に，両磁性層の磁化が平行か反平行かで著しく異なり，これをトンネル型磁気抵抗効果（TMR：tunneling magnetoresistanse）と称している．トンネル効果の原理は以下のように説明される．トンネル伝導の場合も伝導に寄与するのはフェルミ準位近傍の電子であり，電気伝導度は絶縁層を挟む2つの磁性層の状態密度の積に比例する．強磁性体ではupスピン電子とdownスピン電子のバンド状態は非対称であるため，状態密度もスピンに依存する．トンネル過程で電子のスピン方向が変化しないとすると，両磁性層の磁化が平行および反平行のときのトンネル過程は模式的に図3.29のように表される．磁性層1のupスピン電子は磁性層2のupスピンの状態へトンネル伝導し，同様にdownスピン電子はdownスピン状態へとトンネルする．ここで反平行磁化状態では，upスピン電子とdownスピン電子のバンド状態が2つの磁性層で入れ替わっていることに注意したい．磁化と同方向のスピン方向をもつ電子

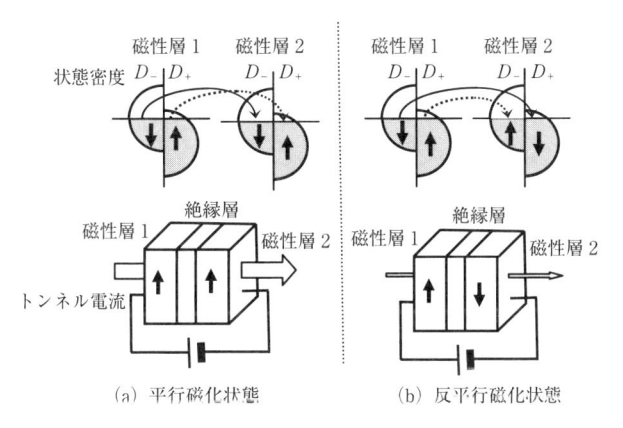

図 3.29 トンネル磁気抵抗効果の発現機構

の状態密度を D_+,逆方向のスピン方向をもつ場合を D_- とすると,平行磁化状態の電気伝導度 G_p と反平行磁化状態の G_{ap} は

$$G_p \propto D_+ D_+ + D_- D_- \tag{3.76}$$

$$G_{ap} \propto D_+ D_- + D_- D_+ \tag{3.77}$$

のように表される.上式より,平行磁化状態に対する抵抗変化率が次式のように導出される.

$$\frac{R_{ap} - R_p}{R_p} = \frac{G_{ap}^{-1} - G_p^{-1}}{G_p^{-1}} = \frac{(D_+ - D_-)^2}{2D_+ D_-} \tag{3.78}$$

$(D_+ - D_-)/(D_+ + D_-)$ の値はスピン分極率 (P) と呼ばれ,フェルミ準位における up スピンバンドと down スピンバンドの状態密度の非対称性を表す.分極率 P を用いると,抵抗変化率は $2P^2/(1-P^2)$ のように表される.

1995 年に Fe/Al$_2$O$_3$/Fe 多層膜において室温で約 20% の抵抗変化率が報告され,磁気センサや磁性体ランダムアクセスメモリ (MRAM) への応用の観点から,TMR に関する研究が活発化した.その後,絶縁層に MgO を用いた Fe/MgO/Fe 多層膜において抵抗変化率が飛躍的に向上し,室温で 500% 以上の抵抗変化が実現されている.Fe と MgO は結晶軸を揃えたエピタキシャル成長が可能であり,平坦な Fe/MgO 界面が形成される.Fe/MgO 界面では,スピン分極率の大きなバンド電子が選択的にトンネル伝導することが理論計算により明らかにされており,非常に大きな抵抗変化率が得られる理論的根拠を与えている.

さらに大きな抵抗変化率を実現しうる材料系として，化学式 X_2YZ で表される，ホイスラー（Heusler）合金と呼ばれる材料系がある．bcc 構造の中心位置に原子 X，頂点位置に原子 Y，Z が交互に規則正しく配置した構造を $L2_1$ 構造といい，理論計算では分極率 $P=1$ であることが示されている．すなわち，up スピンバンドと down スピンバンドのうち片方のバンドはフェルミ準位に状態密度を有し金属性であるのに対し，もう片方は状態密度が 0 で絶縁性となる．このようなバンド状態はハーフメタルと呼ばれ，理論的には反平行磁化状態ではトンネル電流が流れないことになる．実際には未だそのような理想的な TMR 効果は実現されていないが，$Co_2FeAlSi/MgO/Co_2FeAlSi$ などの材料系では，室温で 200%を超える大きな抵抗変化率が得られている．

3.4.2 スピントランスファートルク

前項で述べたスピン依存型電流は，スピンの相対的な方向により電流の流れ方に顕著な変化が生じる現象であったが，スピントランスファー効果はこれと逆に，電流によってスピンの方向変化を起こす現象である．1996 年の原理提案に始まる新しいスピン物理現象であり，磁界によってスピンの方向を変化させる従来の古典電磁気学的な方法に比べ，格段にエネルギー効率のよいスピン制御技術である．磁性体に直接電流を流すため，微細領域におけるスピン制御性にも優れている．

図 3.30 にスピントランスファー効果による磁化方向制御の原理を示している．スピンは電子に内在する一種の角運動量であり，スピン分極した電子の流れは角運動量を運んでいることになる．いま，前項で述べた TMR 効果の構造のように，2 つの磁性体が非磁性層を介して対面した構造を考える．2 つの磁性体には体積差

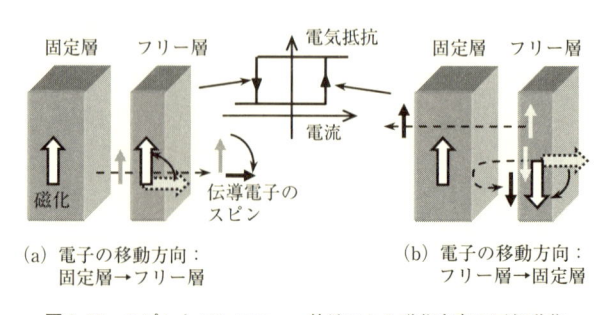

図 3.30 スピントランスファー効果による磁化方向の反転動作

をつけ，体積の大きな磁性体（固定層）の磁化方向は強い磁気異方性により固定され，体積の小さな方の磁性体（フリー層）の磁化方向が自由に回転できるものとする．電圧印加により，固定層からフリー層へと電子が流れるとき，固定層の磁化方向にスピン分極した伝導電子は，フリー層を通過する間に再分極してフリー層の磁化方向を向く．スピンの方向は角運動量と逆向きであるから，フリー層を通過する間に伝導電子の角運動量が変化したことになる．全体の角運動量は保存されなければならないので，フリー層の磁化方向が伝導電子の角運動量変化を補償する向きに回転する．この結果，フリー層の磁化方向が固定層の磁化方向へと回転することになる．これとは逆に，伝導電子がフリー層から固定層へ流れるときには，固定層の磁化方向に分極した伝導電子は伝導できるが，逆方向に分極した伝導電子は反射してフリー層へ逆戻りする．この逆戻り分の電子スピンによってフリー層の磁化はトルクを受け，固定層の磁化と逆方向に回転する．このように，電流の極性によってフリー層の磁化を双方向に変化させることができるため，磁性体ランダムアクセスメモリ（MRAM）における情報書き込みなどに応用されている．

　スピントランスファートルクによる磁化方向制御の詳細は，角運動量の保存関係と 3.1.4 e 項で述べた磁化の運動状態を記述する LLG 方程式から以下のように解析される．単位面積あたりの電流密度を J とすると，単位時間あたりに自由層を通過する電子数は J/e，1 電子のスピン角運動量は $\hbar/2$ であるから，電流密度 J が担う角運動量は $(J/e)\hbar/2$ となる．これに伝導電子からフリー層への角運動量変換効率を表す係数 η を乗じた角運動量が，フリー層の角運動量変化に寄与する．角運動量の時間変化率がトルクであるから，フリー層が受けるトルクの大きさは $\eta(J/e)\hbar/2$ となる．また，このときのトルクは電流方向に依存して，フリー層の磁化を固定層の磁化の向きまたはそれと逆向きへと回転させるように作用するので，電流の極性によって制御することができる．磁化方向変化に必要な電流密度の大きさ J_{th} は，理論計算から次式のように見積もられている．

$$J_{th} = \frac{e\alpha MVH_{eff}}{g(\hbar/2)} \tag{3.79}$$

上式で V, M, α, g, H_{eff} は各々，フリー層の体積，磁化，ダンピング定数，g 因子，異方性等価磁界を表している．

演習問題

3.1 原子核の周りの軌道運動の軌道半径を $0.2\,\mathrm{nm}$, 角周波数 ω を $2.6\times 10^{15}\,\mathrm{s}^{-1}$, 電子の電荷を $1.6\times 10^{-19}\,\mathrm{C}$ とする.
 (1) この軌道運動と等価な円電流の電流値 I を求めよ.
 (2) この軌道運動の磁気モーメントの値 μ を SI 単位系と MKSA 単位系の両方で求めよ.

3.2 極座標による波動関数を変数分離すると, 偏角 ϕ に関する波動関数 $\Phi(\phi)$ は次式のように表される.
$$\frac{d^2}{d\phi^2}\Phi(\phi)+m^2\Phi(\phi)=0\qquad(m:\text{定数})$$
 (1) $\Phi(\phi)$ が 2π の周期性をもつことから, 定数 m が満たすべき条件を示せ.
 (2) 上式および $0\sim 2\pi$ の範囲での電子の観測確率 ($\phi^*\phi$) の積分値を 1 とする規格化により $\Phi(\phi)$ を求めよ.

3.3 4f 軌道 (角運動量量子数 $l=3$) に 3 電子を有する希土類イオン Nd^{3+} について, フントの法則より全軌道角運動量 L, 全スピン角運動量 S, および基底状態における合成全角運動量 J の値を求めよ.

3.4 合成全角運動量 $J=1$ の原子に外部磁界 H が印加されているとき, 角運動量の磁界方向成分は $+1$, 0, -1 に離散化される. このとき, 合成角運動量が各方向を向く確率はボルツマン統計に従い, $\exp(-g\mu_B M_J H/kT)$ に比例する.
 (1) ある温度 T で熱平衡状態になったとき $M_J=+1$ の状態をとる確率が $4/7$ であった. $M_J=0$ および $M_J=-1$ の各状態をとる確率を求めよ.
 (2) 温度が $T/2$ のときの $M_J=+1$, 0, -1 の各状態をとる確率を求めよ.

3.5 2 電子に対する波動関数は, スピンが平行および反平行の各々の場合について, 1 電子波動関数の線形結合として (3.22), (3.23) 式 (3.1.3 b 項) のように表される. また 2 電子間のクーロン相互作用を表すハミルトニアンを H_{12} とすると, エネルギーは $\int\psi^* H_{12}\psi\,dV$ のように表される. これより, スピンが平行および反平行の場合のエネルギー差を表す式を示せ.

3.6 立方晶の結晶磁気異方性は (3.28) 式 (3.1.4 a 項) で表される. 磁化 M が [100], [110], [111] の各方向を向いたときのエネルギーを K_1, K_2 を用いて表せ. また, $K_1=5\times 10^4\,\mathrm{J/m^3}$ のとき, [111] 方向が容易方向となる条件を示せ.

3.7 図 3.13(a) (3.1.4 c 項) の縞状磁区構造において, 磁区幅 w のとき磁性体の単位表面積エネルギーは最小値 $10^{-3}\,\mathrm{J/m^2}$ をとるとする. 磁区幅が $2w$ のときのエネルギーを求めよ.

3.8 交流磁界印加時のヒステリシス損を表す (3.62) 式を導出せよ.

3.9 図3.19のように，大きさKの磁気異方性を有する粒径Dの磁性結晶粒が容易軸方向をランダムに向けて凝集し，その平均の磁気異方性を$<K>$とする．容易軸の方向変化に要する距離Lは$<K>$および結晶粒間の交換結合定数Aにより$L=(A/<K>)^{1/2}$で表される．磁気異方性の平均に関わる結晶粒の数Nは$(L/D)^3$であり，$<K>=K/\sqrt{N}$であることが知られている．以上のことから$<K> \propto D^6$となることを示せ．

3.10 磁性体を記録媒体に用いる場合，記録情報としての実用的安定性を確保するためには，磁化反転に対するエネルギー障壁$K_u v$を室温の熱エネルギー（4.1×10^{-21} J）の60倍以上とすることが必要とされている（v：磁性体の体積）．

(1) 磁気異方性定数$K_u=2.46\times 10^6$ J/m^3，膜厚4 nmの磁性薄膜を加工形成した直方体の記録媒体において，上記の安定性を確保しうる直方体の辺長d [nm] の値を求めよ．

(2) 上記の記録媒体の情報を書き換えるのに要する磁界の大きさHを求めよ．ただし，磁性体の飽和磁化$M_s=0.98$ Wb/m^{2}とする．

3.11 図3.29（3.4.1項）のトンネル磁気抵抗効果において，絶縁層の両側の各磁性層の保磁力をH_{c1}，H_{c2}とする．また，両磁性層の磁化方向が平行および反平行のときの電気抵抗を各々R_L，R_Hとする．磁界Hを$+H_3$から$-H_3$へと変化させたときの電気抵抗の変化を，横軸を磁界，縦軸を電気抵抗としたグラフにより示せ．ただし，$H_3>H_{c1}>H_{c2}>0$とし，各磁性層は角型ヒステリシス特性を示すものとする．

4. 超伝導デバイス

 ある種の物質を低温に冷却すると,電気抵抗がゼロとなったり,磁束が量子化されるなどの室温とは異なった特性を示す.これらの物質は超伝導体と呼ばれており,発現する現象は超伝導特性と総称されている.超伝導特性を用いることにより,室温デバイスにはない性能をもった種々の超伝導デバイスが開発されている.本章では,超伝導デバイスの基礎となる物性と各種の応用デバイスについて述べる.

4.1 超伝導物性

4.1.1 完全導電性

 1911年にオランダのカメルリン・オンネス(Kamerlingh-Onnes)は,水銀(Hg)の電気抵抗の温度依存性を測定中,図4.1(a)に示すように絶対温度 $T=4\,\mathrm{K}$ 付近で抵抗値が急激にゼロとなることを発見した.抵抗がゼロということは電気伝導(conductivity)が無限大ということであり,この状態を超伝導状態(superconductivity)と名づけた.図に示すように,超伝導状態が出現するためには動作温度をある値以下の低温にする必要があり,この温度を臨界温度 T_c と

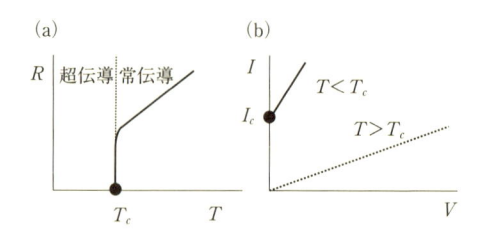

図 4.1 超伝導体の電気特性
(a) 電気抵抗の温度変化.(b) 電流–電圧特性.

呼ぶ．なお，温度が T_c 以下の状態を超伝導状態と呼び，T_c 以上の状態を常伝導状態と呼ぶ．

表4.1に主な超伝導体の臨界温度を示す．なお，温度 T は絶対温度で表している（$T(\mathrm{K}) = t(\mathrm{℃}) + 273$）．代表的なものとしては，金属系超伝導体のNbと酸化物系超伝導体のYBa$_2$Cu$_3$O$_{7-x}$，(Bi-Pb)$_2$Sr$_2$Ca$_2$Cu$_3$O$_x$があり，前者は液体ヘリウム温度（$T = 4.2\,\mathrm{K}$），後者は液体窒素温度（$T = 77\,\mathrm{K}$）で使用される．

抵抗がゼロということは，超伝導状態では電流 I を流しても電圧 V が発生しないということを意味している．このため，超伝導体の電流-電圧特性は図4.1（b）のようになる．印加する電流が臨界電流 I_c と呼ばれる値を超えると，超伝導状態が徐々に壊れ始め電圧が発生する．したがって，ゼロ抵抗は I_c 以下の電流に限られる．

抵抗がゼロであるため，超伝導体に電流を流しても電力損失 $P = IV$ はゼロとなる．すなわち，超伝導体では損失なしに大電流を流すことが可能となる．この特性を利用すると，電力用の超伝導ケーブルや高磁界マグネットを開発することができる．

また，図4.2に示すように導体で閉ループを作製し，磁界を $B = B_0$ から時刻 $t = 0$ でゼロにした状態を考える．ループの抵抗を R，インダクタンスを L，面積を S とすると，ループを流れる電流 I の時間変化は

表4.1 代表的な超伝導体と臨界温度

超伝導体	T_c (K)
Hg(α)	4.15
Pb	7.2
Nb	9.25
NbTi	9.8
Nb$_3$Ge	23.9
Nb$_3$Sn	18.5
NbN	17.3
MgB$_2$	39.2
YBa$_2$Cu$_3$O$_{7-x}$	93
(Bi-Pb)$_2$Sr$_2$Ca$_2$Cu$_3$O$_x$	110
HgBa$_2$Ca$_2$Cu$_3$O$_x$	135

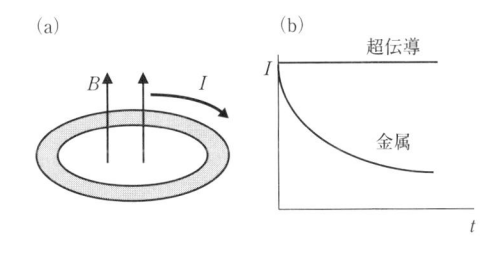

図4.2 閉ループ導体
（a）ループ電流 I，（b）ループ電流の減衰．

$$L\frac{dI}{dt} + RI = S\frac{dB}{dt} \qquad (4.1)$$

で与えられる．電気回路の知識を用いれば，電流の時間変化は $I(t) = (B_0 S/L)\exp(-tR/L)$ となることがわかる．通常の金属では，電流は時定数 $\tau = L/R$ で減衰することになる．それに対して，超伝導体では抵抗が $R = 0$ であるため電流は減衰せずに流れ続けることになる．したがって，この電流を永久電流とも呼ぶ．

4.1.2 超伝導電子対

上述したような超伝導現象が発現するためのミクロな理論は，1957年にバーディーン，クーパー，シュリーファー（Bardeen, Cooper, Schrieffer）によって発表され，BCS理論と呼ばれている．その理論によれば，超伝導体では運動量が互いに反対の2個の電子がペアを組んでおり，この電子対はクーパーペアまたは超伝導電子対と呼ばれている．

通常の金属に電流を流した場合には，電子は金属内をある速度で運動することになる．このとき，電子は金属内の結晶格子との衝突を繰り返し，衝突によって電子のエネルギーが失われる．このエネルギー損失が抵抗の発生原因である．それに対して，超伝導状態では2個の電子がペアを組むことにより，衝突によって結晶格子に与えたエネルギーを再び電子対が吸収することになる．このため，エネルギー損失がなくなり抵抗がゼロとなる．

超伝導状態でのエネルギー状態図を図4.3（a）に示す．同図に示すように，超

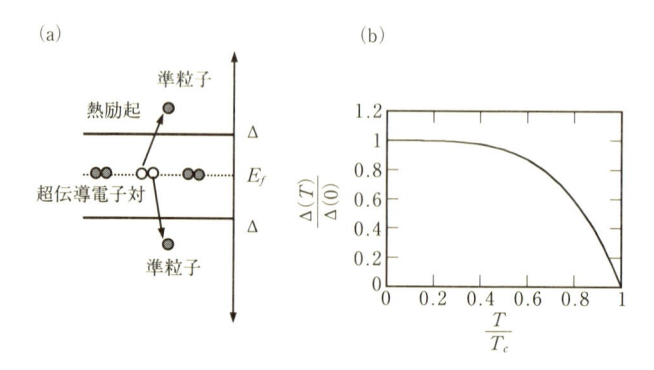

図4.3 超伝導電子対（クーパーペア）
(a) エネルギー・ギャップ，(b) エネルギー・ギャップの温度依存性．

伝導電子対はフェルミ準位 E_f に凝縮して存在する．また，電子対の形成に伴って，エネルギー・ギャップ Δ が発生する．このエネルギー・ギャップが超伝導状態と常伝導状態のエネルギー差を表すことになる．図 4.3 (b) に示すように，$\Delta(T)$ は温度依存性をもっており，$T = T_c$ で発生し温度の低下とともに大きくなる．なお，$T = 0$ での値 $\Delta(0)$ は臨界温度 T_c と $\Delta(0) = 1.76 k_B T_c$ の関係にある．ただし，$k_B = 1.38 \times 10^{-23}$ J/K はボルツマン定数である．また，$\Delta(0)$ の値は Nb 超伝導体では 1.5 meV であり，半導体でみられる 1 eV 程度のエネルギー・ギャップに比べると極めて小さい．

絶対零度（$T = 0$）ではすべての電子は超伝導電子対を組むことになるが，有限の温度では熱雑音のため電子対の一部が壊れ，対を組まない電子も存在することになる．対を組まない電子を常伝導電子または準粒子と呼んでいる．超伝導電子対が壊れると 2 個の準粒子が生成される．図 4.3 (a) では 2 個の準粒子をそれぞれ半導体の電子と正孔に対応させて記述しており，半導体モデルと呼ばれている．なお同図に示すように，エネルギー・ギャップの存在のため，準粒子は超伝導電子対より Δ だけ高いエネルギーをもつことになる．これは半導体の場合と同様に，エネルギー・ギャップ内には準粒子が存在できないためである．

4.1.3 ロンドン方程式

超伝導電子対の現象論的な電流-電圧特性は，ロンドン（London）により以下のように与えられている．上述したように，超伝導電子対は結晶格子による散乱を受けないが，結晶格子による散乱がない場合の例としては，真空中の電子に電界 E を印加した場合が考えられる．この場合との類推から，電界中での超伝導電子対の速度 v_s が以下の運動方程式で与えられるとした．

$$m^* \frac{dv_s}{dt} = -e^* E \tag{4.2}$$

ここで，m^*, e^* はそれぞれ超伝導電子対の質量と電荷である．

超伝導電子対の体積密度を n_s とすれば，電流密度は

$$j_s = -n_s e^* v_s \tag{4.3}$$

で与えられる．なお，超伝導電流であることを明記するために記号 j_s を用いている．

したがって，電流密度 j_s と電界 E の関係は以下のように与えられる．

$$E = \frac{m^*}{n_s e^{*2}} \frac{dj_s}{dt} = \mu_0 \lambda^2 \frac{dj_s}{dt} \qquad (4.4)$$

ここで,

$$\lambda = \sqrt{\frac{m^*}{\mu_0 n_s e^{*2}}} \qquad (4.5)$$

はロンドンの侵入長と呼ばれる量である.

(4.4) 式から,電流密度 j_s が直流の場合には電界 E がゼロであることがわかる.すなわち,電流を流しても電界が発生しない超伝導状態を記述していることになる.一方,電流密度 j_s が交流の場合には電界が発生することになる.この場合の取り扱いについては 4.1.6 項で説明する.

4.1.4 マイスナー効果

超伝導体のもう1つの性質は,1933年にマイスナー（Meissner）とオクセンフェルト（Ochsenfeld）によって発見された完全反磁性である.すなわち,超伝導状態では図 4.4 (a) に示すように,外部から磁界 H_e を印加しても内部の磁束密度 B はゼロに保たれている.磁界 H_e の強さによらず常に $B=0$ であるため,この現象を完全反磁性と呼ぶ.これに対して,動作温度を T_c 以上にして常伝導状態にすると,図 4.4 (b) に示すように磁界は内部に一様に侵入することになる.

この完全反磁性は,(4.4) 式で示したロンドン方程式を用いることにより以下のように説明できる.電磁界を記述する電磁誘導則とアンペアの法則は以下のように与えられる.

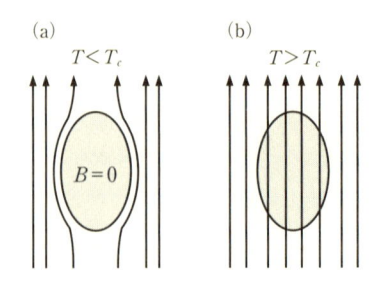

図 4.4 超伝導体の磁気特性
(a) 完全反磁性 ($T<T_c$), (b) 常磁性 ($T>T_c$).

4.1 超伝導物性

$$\nabla \times \boldsymbol{E} = -\mu_0 \frac{\partial \boldsymbol{H}}{dt} \tag{4.6}$$

$$\nabla \times \boldsymbol{H} = \boldsymbol{j}_s \tag{4.7}$$

(4.6) 式の左辺に (4.4) 式を代入すると, $\boldsymbol{H}$ と $\boldsymbol{j}_s$ の関係が以下のように得られる.

$$\boldsymbol{H} = -\lambda^2 \nabla \times \boldsymbol{j}_s \tag{4.8}$$

ここで, λ は (4.5) 式で与えられるロンドンの侵入長である.

(4.8) 式の回転をとり (4.7) 式を代入すると, $\boldsymbol{H}$ に対する方程式が以下のように得られる.

$$\nabla^2 \boldsymbol{H} - \frac{1}{\lambda^2} \boldsymbol{H} = 0 \tag{4.9}$$

ただし, ベクトル公式 $\nabla \times (\nabla \times \boldsymbol{H}) = -\nabla^2 \boldsymbol{H} + \nabla (\nabla \cdot \boldsymbol{H})$ と $\nabla \cdot \boldsymbol{H} = 0$ を用いた.

簡単な例として, 図 4.5 (a) に示すような y 方向に無限大で x 方向に厚さ $2d$ をもつ超伝導平板に, z 方向に磁界 H_z を印加した場合を考える. この場合の超伝導体内部の磁界 $H_z(x)$ は, (4.9) 式を境界条件 $H_z(x = \pm d) = H_0$ で解くことにより, 以下のように与えられる.

$$H_z(x) = H_0 \frac{\cosh(x/\lambda)}{\cosh(d/\lambda)} \tag{4.10}$$

図 4.5 (b) に (4.10) 式から得られる磁界分布を示す. 平板の厚さ d とロンドンの侵入長 λ の比が異なる 3 つの場合について示している. 同図に示すように, 厚さ d が λ の値に比べて大きい場合には, 磁界は端から距離 λ で急激に減少し,

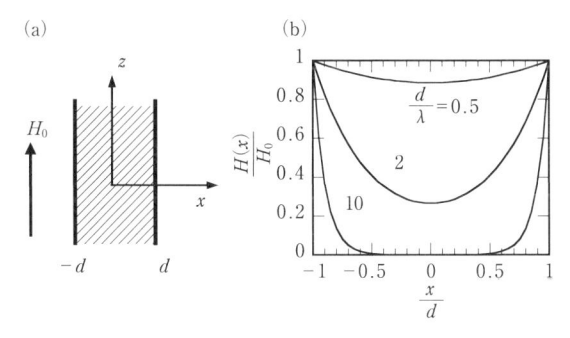

図 4.5 超伝導体におけるマイスナー効果
(a) 超伝導平板, (b) 平板内の磁界分布.

超伝導体内部ではゼロになることがわかる．なお，λ の値は数十 nm であり，磁界は表面の極近傍にしか存在しないことになる．また，この場合の超伝導電流 j_s は $j_s(x) = (-H_0/\lambda)\sinh(x/\lambda)/\cosh(d/\lambda)$ で与えられ，外部磁界を遮蔽するように電流が超伝導体の表面に流れていることがわかる．

このような電流による磁界の遮蔽効果は，金属では表皮効果として知られていることに注意してほしい．金属の場合には，(4.3) 式の代わりに $j = \sigma E$ で与えられる関係を用いて同様な計算を行えばよい．このとき金属内部の磁界 $H_z(x)$ の表式は，(4.10) 式でロンドンの侵入長 λ を複素数 $\alpha = (1+i)\delta$ で置き換えることになる．ここで，$\delta = (2/\omega\mu\sigma)^{1/2}$ は表皮深さと呼ばれる量であり，ω は角周波数，μ は透磁率，σ は導電率である．表皮深さは周波数とともに短くなるため，表皮効果による磁界の遮蔽は高周波の磁界に対してのみ顕著となる．これに対して，ロンドンの侵入長 λ は周波数によらない定数であるため，超伝導状態での磁界の遮蔽効果は，直流から高周波に及ぶすべての周波数で起こる．

4.1.5 磁束の量子化

マイスナー効果による完全反磁性は印加磁界 H_e がある値以下でのみ観測されるが，このときの磁界を臨界磁界と呼んでいる．それ以上の磁界を印加すると，磁束密度 B が超伝導体内部に侵入し始める．侵入の様子は超伝導体により異なり，磁束密度 B が図 4.6（a）のように急激に侵入するものを第一種超伝導体と呼んでおり，このときの臨界磁界は H_c で記述される．一方，図 4.6（b）のように磁束密度 B が徐々に侵入するものを第二種超伝導体と呼び，磁束密度 B の侵入が始まる外部磁界を第一種臨界磁界 H_{c1}，侵入が終了する外部磁界を第二種臨界磁界 H_{c2}

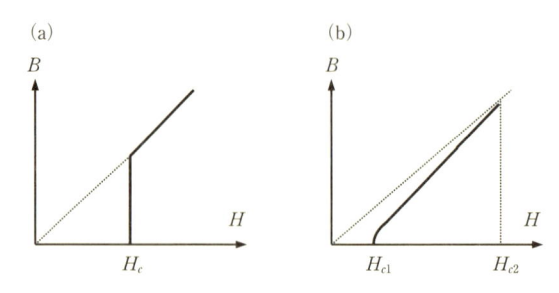

図 4.6 超伝導体の B-H 特性
（a）第一種超伝導体，（b）第二種超伝導体．

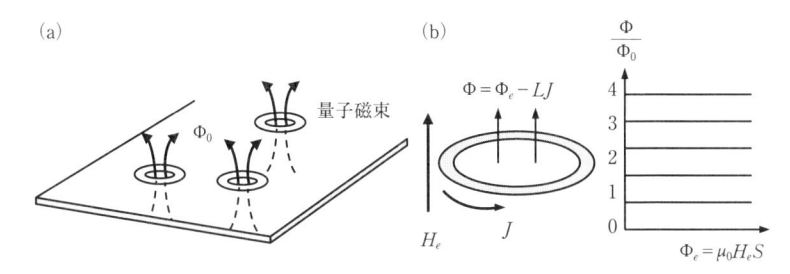

図 4.7 磁束の量子化
(a) 超伝導体,(b) 超伝導ループ.

と呼んでいる.なお,$H_{c1}<H_e<H_{c2}$ の範囲は混合状態と呼ばれている.

外部磁界が $H_e>H_{c1}$ となり第二種超伝導体に磁束が侵入した場合には,超伝導体内では磁束は図 4.7(a)に示すように量子磁束 Φ_0 として存在しており,この量子化磁束はボルテックス(vortex)またはフラクソイド(fluxoid)と呼ばれている.すなわち,磁束量子 Φ_0 を単位として磁束が量子化されており,単位面積あたりの磁束量子の数を n とすれば,磁束密度 B は $B=n\Phi_0$ と与えられる.また,磁束量子 Φ_0 は次式で与えられる.

$$\Phi_0 = \frac{h}{2e} \tag{4.11}$$

なお,$h=6.63\times 10^{-23}$ Js はプランク定数,$e=1.6\times 10^{-19}$ C は電子の電荷であり,$\Phi_0=2.07\times 10^{-15}$ Wb となる.

磁束の量子化は超伝導ループにおいても観測される.図 4.7(b)に示すように,面積 S,インダクタンス L の超伝導ループに外部から磁界 H_e を印加した場合を考える.この場合,超伝導ループに遮蔽電流 J が流れるため,ループに鎖交する磁束 Φ は

$$\Phi = \Phi_e - LJ \tag{4.12}$$

となる.ここで,$\Phi_e=\mu_0 H_e S$ は印加磁束であり,LJ は電流 J による自己磁束である.印加磁束 Φ_e と鎖交磁束 Φ の関係を図 4.7(b)右に示す.同図に示すように,磁束 Φ は磁束量子 Φ_0 で量子化された飛び飛びの値をもつことになる.言い換えれば,この量子化条件を満足するようにループ電流 J が流れることになる.

4.1.6 二流体モデル

4.1.2項で示したように，有限温度では超伝導電子対と準粒子が混在していることになる．このような電子状態のモデルを二流体モデルと呼ぶ．ここで，超伝導電子対の密度を n_s，常伝導電子の密度を n_n とする．密度 n_s と n_n は温度 T により変化するが，全電子数 $n = n_s + n_n$ は温度によらず一定である．すなわち，$n_n(T) = n(T/T_c)^4$，$n_s(T) = n\{1 - (T/T_c)^4\}$ で与えられる．

超伝導電子対により運ばれる超伝導電流密度 j_s と電界 E の関係は，(4.4) 式に示すロンドン方程式により以下のように与えられる．

$$E = \mu_0 \lambda^2 \frac{dj_s}{dt} = l_k \frac{dj_s}{dt} \tag{4.13}$$

ここで，$l_k = \mu_0 \lambda^2$ は超伝導体の単位体積あたりのカイネティック・インダクタンスと呼ばれる量である．また (4.5) 式から明らかなように，l_k の値は超伝導電子の数 n_s に逆比例し，その温度依存性は $l_k(T) = l_k(0)/\{1 - (T/T_c)^4\}$ で与えられる．

一方，常伝導状態では電流密度 j_n と電界の関係はオームの法則により

$$j_n = \sigma_n E \tag{4.14}$$

と与えられる．

(4.13) 式に示すように，超伝導電流 j_s が時間的に変化する場合には電界 E が発生する．この関係は，インダクタンスにおける電流と電界の関係と同じである．そのため，j_s と E の関係は図4.8 (a) の等価回路に示すようなインダクタンス l_k を用いて電気的に記述することができる．l_k がカイネティック・インダクタンスと呼ばれる由縁である．

有限の温度においては，超伝導体中には超伝導電子対の他に常伝導電子も存在する．薄膜内に電界が発生すると，常伝導電子はこの電界により加速され，オー

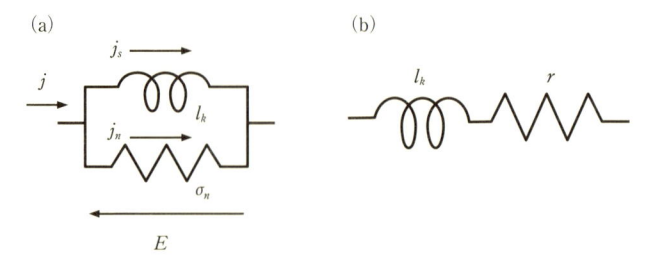

図4.8 (a) 超伝導体の二流体モデル，(b) 直列等価回路

ムの法則に従って常伝導電流 $j_n = \sigma_n E$ が流れる．このため，図 4.8 (a) の等価回路では導電率 σ_n がインダクタンス l_k に並列に接続されることになる．図 4.8 (a) の等価回路は，二流体モデルに基づく超伝導体の電気的等価回路である．

超伝導体内で常伝導電流 j_n が流れると損失が発生することになる．この損失を評価するためには，図 4.8 (a) の並列回路を図 4.8 (b) に示す直列回路に変換したものを用いるのが便利である．一般に，数百 GHz 以下の角周波数 ω については $\omega l_k \ll 1/\sigma_n$ が成り立つため，図 4.8 (b) に示す抵抗 r は以下のように与えられる．

$$r = \omega^2 l_k^2 \sigma_n = \mu_0^2 \lambda^4 \omega^2 \sigma_n \tag{4.15}$$

4.1.7 高周波損失

二流体モデルから明らかなように，抵抗ゼロの状態は直流の電流を流したときにのみ実現される．高周波の電流を流した場合には，(4.13) 式に示すように電界が発生し，その電界により常伝導電子が流れ，(4.15) 式に示すような抵抗が発生することになる．この高周波損失を評価するため，図 4.9 (a) に示すストリップ線路を考える．図に示すように，幅 W，厚さ t の 2 つの超伝導薄膜が絶縁体を介

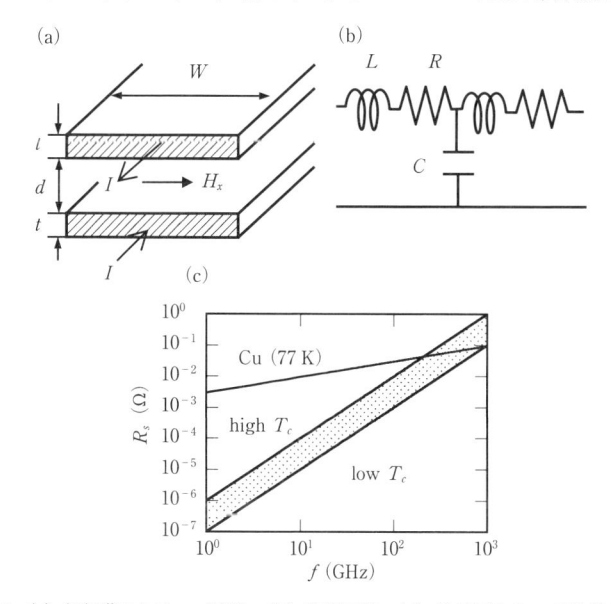

図 4.9 (a) 超伝導ストリップ線路，(b) 等価回路，(c) 表面抵抗 R_s の周波数依存性

して距離 d だけ離れて配置されており，上部，下部薄膜に逆向きの電流 I が流れている．この場合のストリップ線路の等価回路は，単位長さあたり L，C，R をもつ伝送線路として図 4.9 (b) のように表される．容量は $C = \varepsilon W/d$ であり，インダクタンス L は次式で与えられる．

$$L = \frac{\mu_0 d}{W}\left(1 + \frac{2\lambda}{d}\coth\frac{t}{\lambda}\right) \tag{4.16}$$

上式で薄膜の厚さ t が厚く $t \gg \lambda$ の条件を満たす場合には，$L = (\mu_0/W)(d + 2\lambda)$ で与えられる．これは，磁界が薄膜の表面から λ の範囲にまで存在することに起因している．一方で，薄膜の厚さが薄くなり $t \ll \lambda$ となると，インダクタンスは $L = (\mu_0/W)(d + 2\lambda^2/t)$ となり厚さに依存する．これは，薄膜のカイネティック・インダクタンスの影響が大きくなるためである．

抵抗 R は薄膜により生じる高周波数損失を表す抵抗であり，(4.15) 式で与えられる単位体積あたりの抵抗 r を断面積 λW で割ることにより

$$R = \frac{r}{\lambda W} = \frac{\mu_0^2 \lambda^3 \omega^2 \sigma_n}{W} = \frac{2}{W}R_s \tag{4.17}$$

と与えられる．なお (4.17) 式の R_s は表面抵抗と呼ばれる値であり，通常マイクロ波帯の損失はこの値を用いて表される．

(4.17) 式から，マイクロ波帯における超伝導薄膜の損失を議論することができる．同式から，超伝導薄膜の高周波損失は周波数 ω の 2 乗に比例して増加することがわかる．金属の場合には，表皮効果により損失が $\omega^{1/2}$ に比例して増加することが知られており，超伝導薄膜の損失はより強い周波数依存性をもつことになる．

次に損失の温度依存性について考える．(4.17) 式に示すように，損失は磁場侵入深さ λ の 3 乗と常伝導電流の導電率 σ_n に比例する．λ の温度依存性は $\lambda(T) = \lambda(0)/\{1 - (T/T_c)^4\}^{1/2}$ で与えられ，また導電率 σ_n の値は常伝導電子の数 $n_n(T) = n_n(T_c)(T/T_c)^4$ に比例する．このため，抵抗 R の温度依存性は $(T/T_c)^4/\{1 - (T/T_c)^4\}^{3/2}$ で与えられることになる．臨界温度 T_c 付近では λ の値が急激に増加するため，抵抗も急激に増加することになる．したがって，低損失を得るためには超伝導薄膜は臨界温度に比べて半分程度の温度（$T = T_c/2$）で使用されることになる．

図 4.9 (c) に，超伝導薄膜の表面抵抗 R_s を金属（Cu）の場合と比較した結果を示す．斜線の領域の上側が高温超伝導を用いて $T = 50 \sim 77$ K で動作させる場合

の結果であり，下側が低温超伝導を用いて $T=4.2$ K で動作させる場合に対応する．図に示すように，マイクロ波・ミリ波帯での超伝導薄膜の損失は金属に比べて極めて小さい．例えば $f=10$ GHz での超伝導薄膜の抵抗は $R_s=0.01$～0.1 mΩ であり，$T=77$ K における Cu の値 $R_s=10$ mΩ に比べて 100～1000 倍も低損失となる．

4.2 ジョセフソン接合

図 4.10 (a) に示すように，2 つの超伝導体を数 nm 程度の絶縁層 (insulator) を介して結合したものは，トンネル形のジョセフソン接合と呼ばれている．超伝導体 (S)/絶縁体 (I)/超伝導体 (S) の構造をとるため，SIS 型接合とも呼ばれ

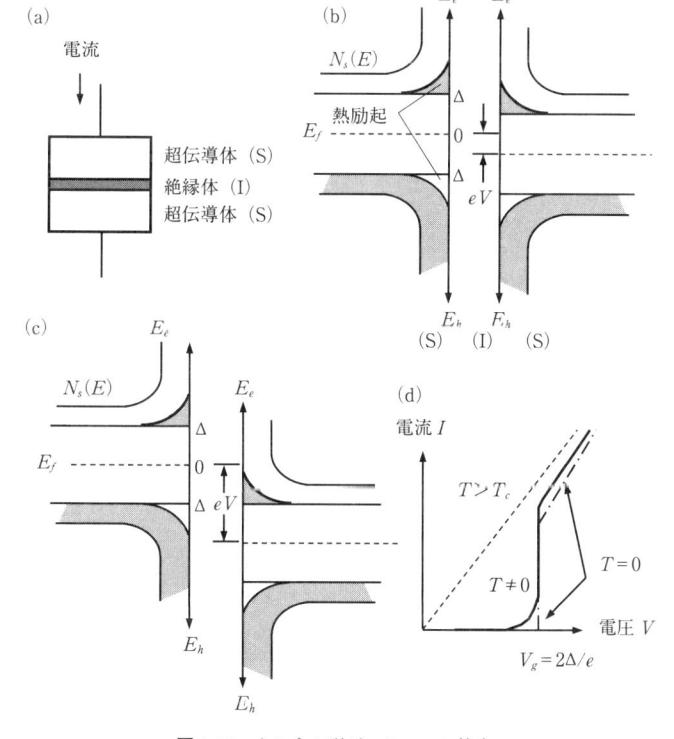

図 4.10 トンネル型ジョセフソン接合
(a) 模式図．(b) $eV<2\Delta$ の場合のエネルギー帯図．(c) $eV>2\Delta$ の場合のエネルギー帯図．(d) 準粒子トンネル電流の電流-電圧特性．

ている．超伝導体としてNbを，絶縁体としてAlの酸化物を用いたNb/Al$_2$O$_3$/Nb接合が代表的なものである．

この構造の接合においては，絶縁層を介してトンネル効果により電流が流れる．常伝導電子のトンネル電流に加えて，超伝導電流もトンネル効果により流れることをジョセフソン（Josephson）が初めて理論的に予測したため，ジョセフソン接合と呼ばれている．

4.2.1 トンネル電流
a. 常伝導トンネル電流

トンネル形ジョセフソン接合を流れる，常伝導（準粒子）トンネル電流について考える．図4.10（b）にSISトンネル接合のエネルギー帯図を示す．図に示すように，薄い絶縁層を介して2つの超伝導体が結合されており，超伝導体にはフェルミ準位E_fを中心にΔのエネルギー・ギャップが存在する．このエネルギー・ギャップの存在のため，フェルミエネルギーからの差をEとおくと，$|E|<\Delta$の範囲には常伝導電子（準粒子）は存在しない．すなわち，準粒子に対する状態密度関数は

$$N_s(E) = \begin{cases} \dfrac{N_n(0)|E|}{\sqrt{E^2-\Delta^2}} & (|E|>\Delta) \\ 0 & (|E|<\Delta) \end{cases} \tag{4.18}$$

で与えられる．ここで，$N_n(0)$は常伝導状態におけるフェルミエネルギーでの状態密度である．

このエネルギー帯図を用いて，SIS接合における準粒子電流のトンネル効果について説明する．まず図4.10（b）に示すように，接合に印加する電圧Vが$V<2\Delta/e$の場合について考える．有限の温度Tの場合には，熱エネルギーによりギャップの上下に準粒子がわずかに励起されている（4.1.2項で述べたように，2個の準粒子を半導体の電子と正孔に対応させている）．この熱励起された準粒子のため，図4.10（d）に示すように$V<2\Delta/e$においてもわずかな電流が流れる．励起された準粒子の密度は温度に依存するため，$V<2\Delta/e$のトンネル電流は強い温度依存性を示すことになる．

図4.10（c）に示すように，電圧が$V>2\Delta/e$になると相手側に大きな状態密度が存在するため，トンネル電流が急激に流れ始める．このため，SISトンネル接

合の準粒子の電流-電圧特性は図4.10（d）のようになる．なお，準粒子が急激に流れ始める電圧は $V_g = 2\Delta/e$ で与えられるため，この電圧をギャップ電圧と呼ぶ．逆に，電圧 V_g から超伝導体のエネルギー・ギャップ Δ を測定することができる．

　トンネル電流の表式は，図4.10のエネルギー帯図と（4.18）式の状態密度関数を用いて以下のように与えられる．

$$I_N(V) = A \int_{-\infty}^{\infty} N_s(E - eV) N_s(E) \{ f_f(E - eV) - f_f(E) \} dE \quad (4.19)$$

ここで，A は定数，$f_f(E)$ はフェルミ関数であり，上式は準粒子電流のふるまいをよく説明する．ただし，図4.10に示すエネルギー帯図は簡単化したモデルであり，超伝導電子対のふるまいを無視していることを注意しておく．実際には，温度 $T = 0$ では超伝導電子対はフェルミ準位 E_f に存在している．電圧 $V_g = 2\Delta/e$ で急激に準粒子電流が流れることは，電圧により与えられたエネルギー eV_g により超伝導電子対が破壊され，多数の準粒子電流が励起されることに対応する．

b.　超伝導トンネル電流

　絶縁層を介して流れる超伝導トンネル電流は，ジョセフソン電流とも呼ばれている．ジョセフソン電流 I_J の表式は，2つの超伝導体間の位相差 θ と呼ばれる量を用いて

$$I_J = I_0(T) \sin \theta \quad (4.20)$$

と与えられており，直流ジョセフソン効果と呼ばれている．ここで，I_0 は接合の臨界電流と呼ばれる値であり，

$$I_0(T) = \frac{\pi \Delta(T)}{2eR_n} \tanh \frac{\Delta(T)}{2k_B T} \quad (4.21)$$

と与えられている．ただし，R_n は常伝導トンネル電流に対するトンネル抵抗値である．なお，トンネル効果でよく知られているように，R_n の値は絶縁層の厚さに対して指数関数的に増加するため，臨界電流の大きさは絶縁層の厚さに対して指数関数的に減少する．この特性を利用して，絶縁層の厚さを制御することにより臨界電流の大きさを調整している．

　一方，接合間の電圧 V と位相差 θ との関係は

$$V = \frac{\Phi_0}{2\pi} \frac{d\theta}{dt} \quad (4.22)$$

で与えられ，交流ジョセフソン効果と呼ばれている．

なお，(4.20) 式と (4.22) 式に示すように，接合の電流-電圧特性は位相差 θ を介して記述されていることを注意してほしい．

4.2.2 RSJ モデル

ジョセフソン接合の等価回路は図 4.11 (a) のように与えられており，接合の RSJ (resistively shunted Josephson junction) モデルと呼ばれている．接合を流れる電流 I_B は，ジョセフソン電流 I_J と常伝導電流 I_N に加えて，接合容量 C_J を流れる変位電流 I_d の総和 ($I_B = I_J + I_N + I_d$) として与えられる．なお，図中の回路記号 × は (4.20) 式と (4.22) 式で表される超伝導特性を表している．また，応用の際には接合に並列にシャント抵抗 R_{sh} を付け加える場合があり，図 4.11 (a) の抵抗 R_s は接合抵抗 R_n とシャント抵抗 R_{sh} の合成抵抗となる．

図 4.11 (a) の回路方程式は，位相差 θ を用いて

$$I_B = I_0 \sin\theta + \frac{\Phi_0}{2\pi R_s}\frac{d\theta}{dt} + \frac{C_J \Phi_0}{2\pi}\frac{d^2\theta}{dt^2} \tag{4.23}$$

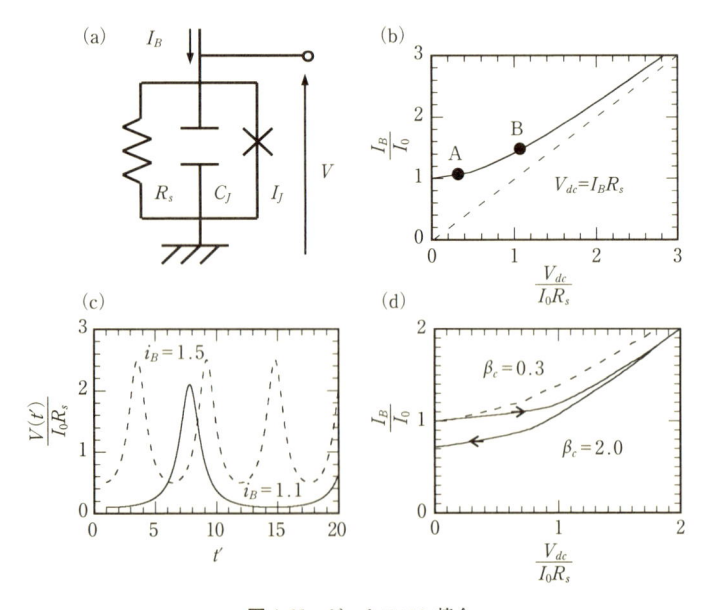

図 4.11 ジョセフソン接合
(a) RSJ モデル，(b) 直流電流-電圧特性，(c) バイアス点 A，B での接合電圧 $V(t')$ の時間変化，(d) 電流-電圧特性に及ぼす接合容量の影響．

$$V = \frac{\Phi_0}{2\pi}\frac{d\theta}{dt} \tag{4.24}$$

と与えられる．

(4.23) 式の右辺はそれぞれ，ジョセフソン電流，常伝導電流，および変位電流を表している．なお，接合の特性は接合容量 C_J によって大きく変化するため，接合容量 C_J の大きさを表すパラメータとして，次式で与えられるマッカンバー (McCumber) パラメータ β_c が用いられる．

$$\beta_c = \frac{2\pi I_0 C_J R_s^2}{\Phi_0} \tag{4.25}$$

4.2.3 直流電流-電圧特性

(4.23)，(4.24) 式から，ジョセフソン接合に直流電流 I_B を流した場合の接合の電流-電圧特性を求めることができる．最初に，印加電流 I_B が臨界電流 I_0 より小さい場合 ($I_B<I_0$) を考える．電流 I_B が直流の場合には $d\theta/dt=0$ となり，接合には電圧 V は発生せず，超伝導電流 $I_J=I_0\sin\theta$ のみが流れる．この場合には (4.23) 式に従って，位相差 θ が印加電流 I_B とともに増加することになる．

なお，印加電流 I_B が交流の場合には，位相差 θ は時間的に変化することを注意しておく．$I_B \ll I_0$ であれば $\theta \ll 1$ の条件が満たされ，ジョセフソン電流は $I_J = I_0\sin\theta = I_0\theta$ と近似される．(4.24) 式を用いると，ジョセフソン電流の電流-電圧特性は $V=(\Phi_0/2\pi I_0)(dI_J/dt)=L_J(dI_J/dt)$ と与えられる．すなわちこの範囲では，ジョセフソン接合は $L_J=\Phi_0/2\pi I_0$ の値をもつインダクタンスとして表されることになる．

次に，接合に流す直流電流が $I_B>I_0$ の場合を考える．接合容量が $C_J=0$ の場合には，(4.23) 式は解析的に解くことが可能であり，接合に印加する直流電流 I_B と接合に発生する直流電圧 V_{dc} の関係（直流電流-電圧特性）は以下のように与えられる．

$$V_{dc}=\begin{cases}0 & (I_B<I_0)\\ R_s\sqrt{I_B^2-I_0^2} & (I_B>I_0)\end{cases} \tag{4.26}$$

図 4.11 (b) に接合の直流電流-電圧特性を示す．バイアス電流が臨界電流より小さい場合には電圧はゼロであり，臨界電流を超えると電圧が発生する．バイアス電流が臨界電流に比べて 3 倍以上になるとジョセフソン電流の影響が小さくな

り，電流-電圧特性は $V_{dc} = I_B R_s$ に漸近していく．すなわち，ジョセフソン電流の効果が期待できる電圧の目安は $V \leq I_0 R_s$ の範囲であり，この動作電圧の範囲を拡大するためには接合としては $I_0 R_s$ 積の大きなものが望まれる．

なお注意すべきことは，接合に発生する電圧 V は直流電流 I_B でバイアスしているにもかかわらず時間的に変化していることである．図 4.11 (c) には，バイアス電流が $I_B/I_0 = 1.1$ と 1.5 の場合（図 4.11 (b) の A 点と B 点にバイアスした場合）の接合電圧 $V(t)$ の時間変化を示している．同図に示すように，電圧 $V(t)$ は直流成分 V_{dc} のみでなく交流成分 V_{rf} をも含み，その大きさが無視できない．また，交流電圧の周期や振幅はバイアス電流 I_B に依存している．

この電圧のふるまいは，(4.23) 式の解が規格化した電圧 $v = V/(I_0 R_s)$ に対して

$$v(t') = \frac{i_B^2 - 1}{i_B + \sin\{(i_B^2 - 1)^{1/2} t' + \tan^{-1}(i_B^2 - 1)^{-1/2}\}} \tag{4.27}$$

と与えられることからも明らかである．なお，電流，電圧および時間はそれぞれ，I_0，$I_0 R_s$，$\Phi_0/(2\pi I_0 R_s)$ で規格化されている．すなわち，接合を直流電流 I_B でバイアスしても，接合には自己発振が生じていることを示している．これは交流ジョセフソン効果に起因する結果であり，接合の特性を議論する場合には非常に重要となる．

また，発生する交流電圧の周波数 f は直流電圧 V_{dc} により

$$f = \frac{V_{dc}}{\Phi_0} \tag{4.28}$$

で与えられ，$V_{dc} = 1\,\mu\text{V}$ あたりほぼ 0.5 GHz の高周波となる．この周波数を基本として，その高調波が発生することになる．

上述したように，ジョセフソン接合では交流ジョセフソン効果により高周波の自己発振が生じており，その周波数は GHz 帯となる．このため，接合に容量 C_J が存在する場合には，接合のふるまいは C_J の影響を受けることになり，その結果直流電流-電圧特性も変化する．図 4.11 (d) に，接合容量の値が異なる場合の直流電流-電圧特性の変化を示す．なお，接合容量の大きさは (4.25) 式に示すマッカンバーパラメータ β_c で表している．図に示すように，接合容量が大きい場合（$\beta_c = 2.0$）には電流-電圧特性にヒステリシスが発生し，その大きさはパラメータ β_c により決まることが知られている．パラメータ β_c は，周波数 $f = I_0 R_s/\Phi_0$ における容量のインピーダンス $1/2\pi f C_J$ と抵抗 R_s の比を表す量とみることができ，ヒス

テリシスをなくすためには $\beta_c < 1$ とする必要がある.

4.2.4 最大ゼロ電圧電流の磁界依存性

これまでの議論では，ジョセフソン接合はその大きさが無視できるとした．すなわち，接合内部で位相 θ や電流が場所によらず一定であることを仮定していた．このような仮定は，接合の長さ L がジョセフソンの侵入深さ

$$\lambda_J = \sqrt{\frac{\Phi_0}{2\pi\mu_0 j_c(d+2\lambda)}} \tag{4.29}$$

に比べて小さい場合に成り立つ．ここで，j_c, d, λ はそれぞれ，接合の臨界電流密度，絶縁層の厚さ，ロンドンの磁場侵入長である．代表的な値として，$j_c = 10^4\,\mathrm{A/cm^2}$, $d = 5\,\mathrm{nm}$, $\lambda = 50\,\mathrm{nm}$ をとると，λ_J の大きさはほぼ $5\,\mu\mathrm{m}$ となる．

接合の長さ L が λ_J 以上になった場合には，この仮定が成り立たず接合内部での電磁界および位相 θ の空間変化を考慮する必要がある．その場合には，以下に示すように接合の流せる最大のゼロ電圧電流は外部磁界の影響を受けることになる．

図 4.12 (a) に示すように，y 方向に磁界 B_e が印加されている場合を考える．この場合には，接合内部の位相 θ は x 方向に変化することになる．位相 θ の空間変化は，接合内の磁界 B_y と以下の関係式で結ばれている．

$$B_y(x) = \frac{-\Phi_0}{2\pi(d+2\lambda)}\frac{d\theta}{dx} \tag{4.30}$$

接合の長さ L が侵入深さ λ_J に比べてそれほど長くない場合を考える．この場合には，印加した磁界 B_e は接合内で一様とみなすことができ，接合内の位相 θ は

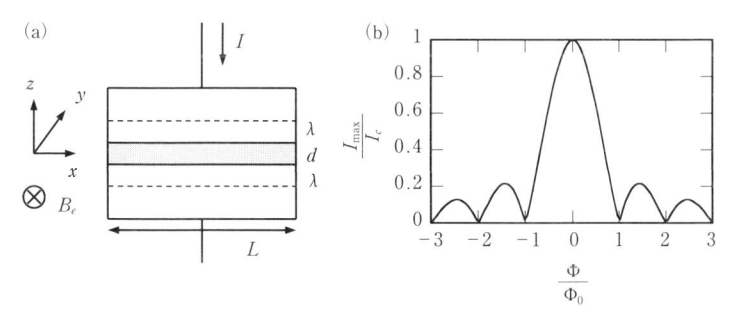

図 4.12 接合のゼロ電圧電流の磁界依存性
(a) 長さ L の接合．(b) ゼロ電圧電流 $I_{\max}$ のフラウンホーファーパターン．

(4.30) 式から

$$\theta(x) = -\frac{2\pi(d+2\lambda)}{\Phi_0} B_e x + \alpha \qquad (4.31)$$

と与えられる．ただし α は定数である．そのためジョセフソン電流は空間的に変化し，(4.20) 式から $j_J(x) = j_0 \sin\{-(2\pi(d+2\lambda)/\Phi_0)B_e x + \alpha\}$ となる．この電流を空間で積分し，定数 α に対して最大値をとると，接合に流せる最大のゼロ電圧電流 I_{max} が以下のように与えられる．

$$I_{max}(\Phi) = I_0 \left| \frac{\sin(\pi\Phi/\Phi_0)}{\pi\Phi/\Phi_0} \right| \qquad (4.32)$$

ただし，$\Phi = B_e L(2\lambda + d)$ は接合に鎖交する磁束を表している．図4.12 (b) に，上式から得られる電流 I_{max} の鎖交磁束依存性を示す．図に示すように，接合が流せる最大のゼロ電圧電流 I_{max} は鎖交磁束に対して周期的に変化し，その周期は磁束量子 Φ_0 となる．この現象は光の干渉効果と同様であるため，図4.12 (b) の特性はフラウンホーファー (Fraunhofer) パターンと呼ばれている．なお，接合の長さ L が侵入深さ λ_J の2倍程度以上になると，電流 I_{max} の磁界依存性はフラウンホーファーパターンから異なってくることを注意してほしい．

4.2.5 電磁波に対する応答
a. シャピロステップ

接合に周波数 f の電磁波を印加すると，接合の直流電流-電圧特性には図4.13 (a) に示すような電流ステップが生じる．この電流ステップはシャピロステップ

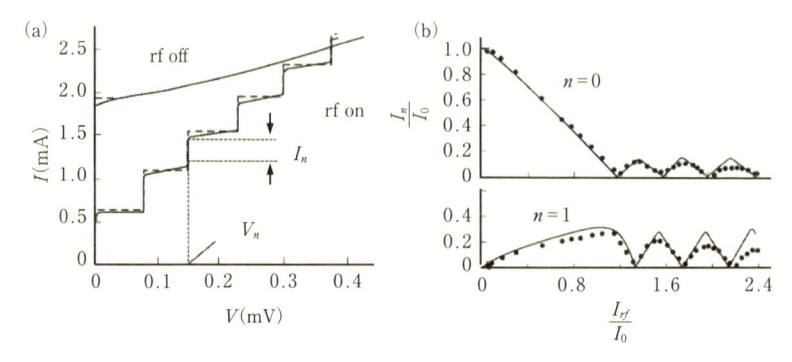

図4.13 (a) 電磁波を印加した場合に現れるシャピロステップ．(b) ステップ高さ I_n の I_{rf} 依存性

と呼ばれており，ステップの生じる電圧は印加する電磁波の周波数により

$$V = n\Phi_0 f \tag{4.33}$$

と与えられる．ただし n は整数である．

シャピロステップは，印加した電磁波と（4.28）式で与えられる接合のジョセフソン発振との同期現象であり，以下のように考えることができる．接合に直流電圧 V_{dc} と高周波電圧 $V_{rf}\cos(2\pi ft)$ を印加した場合には，接合にかかる電圧 V は，

$$V = V_{dc} + V_{rf}\cos(2\pi ft) \tag{4.34}$$

と近似することができる．したがって，この場合の接合の位相 θ は（4.24）式から以下のように与えられる．

$$\theta = \frac{2\pi}{\Phi_0}V_{dc}t + \frac{V_{rf}}{f\Phi_0}\sin(2\pi ft) + \alpha \tag{4.35}$$

ただし，α は定数である．

この場合のジョセフソン電流 I_J は，上式を $I_J = I_0\sin\theta$ に代入することにより求められるが，その結果をフーリエ-ベッセル（Fourier-Bessel）展開することにより以下のように表せる．

$$I_J = I_0 \sum_{n=-\infty}^{\infty} J_n\left(\frac{V_{rf}}{f\Phi_0}\right) \sin\left\{2\pi\left(nf + \frac{V_{dc}}{\Phi_0}\right)t + \alpha\right\} \tag{4.36}$$

ただし，J_n は n 次のベッセル関数である．上式に示すように，ジョセフソン電流には多くの高周波成分が存在する．特に，$nf + V_{dc}/\Phi_0 = 0$ の場合には直流成分が発生する．すなわち，（4.33）式で示したように $V_{dc} = -nf/\Phi_0$ の電圧位置にシャピロステップが生じることになる．また n 番目の電流ステップの大きさ I_n は定数 α が $\alpha = \pi/2$ のときに最大となり，照射する電磁波の大きさに対して，図4.13（b）に示すように変化する．

b. フォトン・アシスティッド・トンネル効果

トンネル型接合に電磁波を照射すると，接合を流れる準粒子トンネル電流も影響を受けることが知られている．この現象は，フォトン・アシスティッド・トンネル（PAT）効果と呼ばれている．電磁波の照射がない場合には，前述したように $V < 2\Delta/e$ の範囲では超伝導体のエネルギー・ギャップのため準粒子はトンネルできない．しかし電磁波が照射されると，図4.14（a）に示すように準粒子は電磁波のエネルギー $\hbar\omega$ を吸収することにより，$V < 2\Delta/e$ の領域においてもトンネルすることができる．すなわち，電圧によるエネルギー eV と吸収した n 個のフ

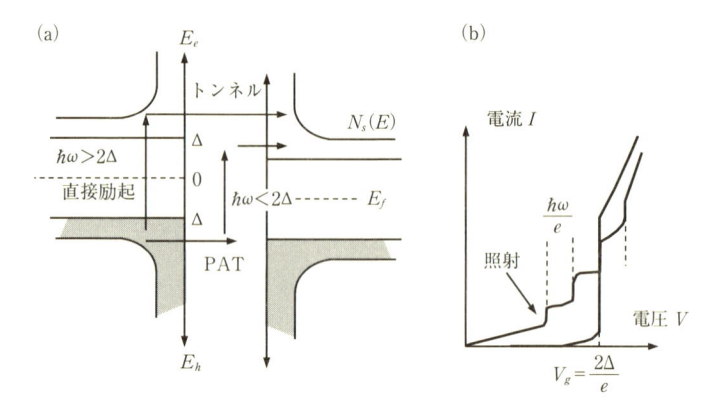

図 4.14 光や電磁波の照射による準粒子の励起
(a) エネルギー帯図（直接励起とフォトン・アシスティッド・トンネル（PAT）効果）．(b) PAT効果による常伝導トンネル電流の変化．

ォトンのエネルギー $n\hbar\omega$ が

$$eV + n\hbar\omega = 2\Delta \tag{4.37}$$

の関係を満たす場合には，超伝導電子対の破壊により準粒子電流が急激に流れることになる．図 4.14 (b) に，電磁波を照射した場合の準粒子トンネル電流の電流-電圧特性を示す．図に示すように，2Δ に対応した電圧 $V_g = 2\Delta/e$ を中心として $\hbar\omega/e = 2f\Phi_0$ の電圧間隔で電流ステップがみられる．この電圧間隔は，(4.33) 式で与えられるシャピロステップの 2 倍になる．電圧が $V<V_g$ の領域では，電磁波の照射により準粒子電流は増加し，電圧 $V = V_g - n\hbar\omega/e$ の位置の電流ステップは n 個のフォトンを吸収したトンネルに対応する．これに対して，電圧が $V>V_g$ の領域では電磁波の照射により準粒子電流は減少し，電圧 $V = V_g + n\hbar\omega/e$ の位置における電流ステップは n 個のフォトンが放出されることに対応する．

こういったフォトン・アシスティッド・トンネル効果は，通常，照射する電磁波の周波数が 30 GHz 以上で観測される．このように，エネルギーの低いフォトンにより量子効果が引き起こされることは注目すべきことである．これは，超伝導体のエネルギー・ギャップが 1 meV 程度と非常に小さく，動作温度が $T = 4.2$ K と非常に低いためである．

c. 光・X 線による励起電流

接合に X 線または光を照射した場合には，照射されるフォトンのエネルギー $\hbar\omega$

はエネルギー・ギャップ2Δに比べて非常に大きくなる．その場合図4.14（a）に示すように，エネルギーを吸収して超伝導電子対（クーパーペア）が破壊され，準粒子が励起される．この現象を準粒子の直接励起と呼ぶ．したがって，接合に電圧を印加しておけば，励起された準粒子は準粒子トンネル電流として接合を流れることになる．

直接励起現象は，半導体に光を照射した場合の光励起電流と同じものである．半導体の場合には，禁止帯幅E_gよりも大きなエネルギーをもった光を照射することで，価電子帯の電子が伝導帯に励起され，それにより電流が流れる．トンネル型接合と半導体を比較すると，エネルギー・ギャップの大きさが大きく異なる．半導体の禁止帯幅E_gが1eV程度であるのに対して，トンネル型接合の場合のエネルギー・ギャップΔは数meVと1000分の1程度となる．したがって，励起される準粒子の数は半導体の場合に比べて1000倍程度になる．

4.3 SQUID

4.1.5項で，超伝導ループ内の磁束は磁束量子Φ_0を単位として量子化されることを述べた．この磁束の量子化を利用したデバイスは，SQUID（superconducting quantum interference device）と呼ばれている．SQUIDは超伝導ループとジョセフソン接合により構成され，図4.15のように接合を1個用いるものをrf SQUIDと呼び，図4.16のように2個用いるものをdc SQUIDと呼ぶ．

簡単のため，図4.15で接合をなくした超伝導ループのみの場合を考えてみる．この場合には，図4.7（b）で示したようにループ内の磁束は磁束量子Φ_0を単位

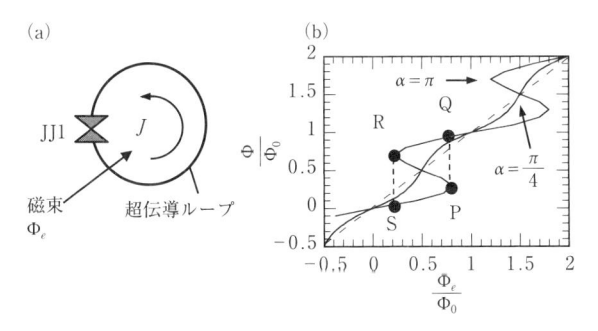

図4.15 rf SQUID
（a）模式図，（b）印加磁束Φ_eと内部磁束Φの関係．

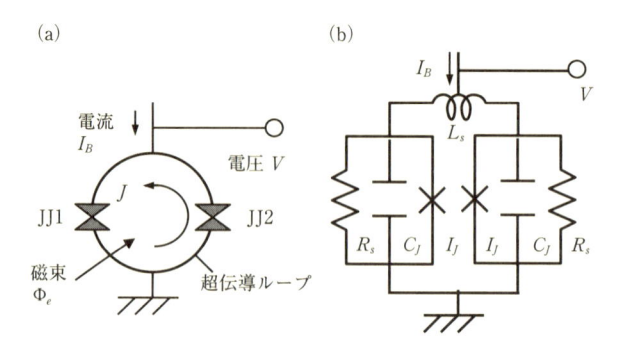

図 4.16 dc SQUID
(a) 模式図, (b) 等価回路.

として量子化されている．ただし，量子状態（ループ内の磁束の数）を変化させるためにはループへの磁束の出入りを制御する必要があるが，超伝導ループ単体では不可能である．そのため，ジョセフソン接合をループに挿入し，この接合により磁束の出入りを制御している．

超伝導ループに外部磁束 Φ_e を印加すると，磁束の量子化を満足するようにループ電流 J が流れる．このループ電流はジョセフソン接合を流れ，その結果，SQUID の電流-電圧特性が変化することになる．すなわち，印加磁束 Φ_e による電流-電圧特性の変調を動作の基本としている．なお，SQUID に流す電流としては dc SQUID では直流（dc）電流が，rf SQUID では高周波（rf）電流が用いられており，名前の由来となっている．

4.3.1 rf SQUID

図 4.15 (a) の rf SQUID の場合について考えてみる．ジョセフソン接合を含んだループでは，磁束の量子化は以下の式で与えられる．

$$\Phi_e - L_s J - \frac{\Phi_0}{2\pi}\theta = n\Phi_0 \qquad (4.38)$$

ただし，L_s は超伝導ループのインダクタンスであり，$L_s J$ はループ電流による自己磁束を表す．また，θ はジョセフソン接合の位相を表す．(4.38) 式はジョセフソン接合の位相を含んでおり，厳密にはフラクソイドの量子化と呼ばれる．なお，n は整数でありループ内のフラクソイドの数を表す．

rf SQUID に加える外部磁束 Φ_e とループ内の磁束 $\Phi = \Phi_e - L_s J$ の関係は，以下のように与えられる．(4.38) 式より，位相は $\theta = 2\pi(\Phi/\Phi_0 - n)$ と表すことができるため，この位相をループ電流 $J = I_0 \sin\theta$ に代入することにより，(4.38) 式は

$$\Phi + L_s I_0 \sin \frac{2\pi\Phi}{\Phi_0} = \Phi_e \tag{4.39}$$

と書き表せる．

図 4.15 (b) に外部磁束 Φ_e とループ内の磁束 Φ との関係を示す．両者の関係はインダクタンス L_s と接合の臨界電流 I_0 の積に依存する．この積はパラメータ

$$\alpha = \frac{2\pi I_0 L_s}{\Phi_0} \tag{4.40}$$

で与えられている．図 4.15 (b) では，パラメータ α が $\alpha = \pi$ と $\alpha = \pi/4$ の場合の Φ_e-Φ 曲線を示している．図に示すように，α の値が大きくなると Φ_e-Φ 曲線はヒステリシスを示すようになる．すなわち，外部磁束 Φ_e を増加させる場合には，内部磁束 Φ は点 S-P-Q と変化し，P 点から Q 点にジャンプすることになる．一方，外部磁束 Φ_e を減少させる場合には，内部磁束は点 Q-R-S と変化する．

4.3.2 dc SQUID

次に，図 4.16 (a) に示す dc SQUID の動作について説明する．dc SQUID の場合には，フラクソイドの量子化は以下の式で与えられる．

$$\Phi_e - L_s J + \frac{\Phi_0}{2\pi}(\theta_1 - \theta_2) = n\Phi_0 \tag{4.41}$$

ただし，θ_1，θ_2 は 2 つのジョセフソン接合の位相差である．また，2 つの接合に対する回路方程式は，図 4.16 (b) に示す等価回路より以下のように与えられる．

$$I_0 \sin\theta_1 + \frac{1}{R_s}\frac{\Phi_0}{2\pi}\frac{d\theta_1}{dt} + C_J \frac{\Phi_0}{2\pi}\frac{d^2\theta_1}{dt^2} = \frac{I_B}{2} + J \tag{4.42}$$

$$I_0 \sin\theta_2 + \frac{1}{R_s}\frac{\Phi_0}{2\pi}\frac{d\theta_2}{dt} + C_J \frac{\Phi_0}{2\pi}\frac{d^2\theta_2}{dt^2} = \frac{I_B}{2} - J \tag{4.43}$$

最初に dc SQUID に流せる最大のゼロ電圧電流 $I_{\max}$ について考えてみる．磁束が印加されていない場合（$\Phi_e = 0$）には，SQUID は 2 つのジョセフソン接合を並列に結合したものとみなすことができるため，$I_{\max} = 2I_0$ となる．磁束を印加すると，(4.41) 式で与えられるフラクソイドの量子化を満たすために，ループ電流 J

が流れるようになる．この場合には (4.42)，(4.43) 式に示すように，接合1に流れる電流は $I_B/2+J$，接合2では $I_B/2-J$ となる．そのため，接合1を流れる電流が臨界電流 I_0 と等しくなるのは $I_B/2+J=I_0$ の場合であり，このときのバイアス電流の値（$I_B=2I_0-2J$）は $2I_0$ に比べてループ電流の分だけ減少する．バイアス電流がこの値を超えると接合1は電圧状態となり，その後電流の再配分が生じ接合2も電圧状態となる．したがって，SQUID に流れるゼロ電圧電流の最大値 $I_{\max}$ は磁束 Φ_e により変調されることになる．

ゼロ電圧電流 $I_{\max}$ の磁束依存性のため，図 4.17 (a) に示すように SQUID の電流-電圧特性も外部磁束 Φ_e により変化することになる．図には，磁束が $\Phi_e=n\Phi_0$ のときと $\Phi_e=(n+1/2)\Phi_0$ のときの電流-電圧特性を示している．

簡単のため，$L_s I_0/\Phi_0 \ll 1$ の場合について $I_{\max}$ と Φ_e の関係を求めてみる．この場合には，(4.41) 式において $L_s J$ の項を無視でき，$\theta_1-\theta_2=2\pi\Phi_e/\Phi_0$ の関係が近似的に成立する．一方，電圧がゼロの場合には (4.42) 式と (4.43) 式の加算より

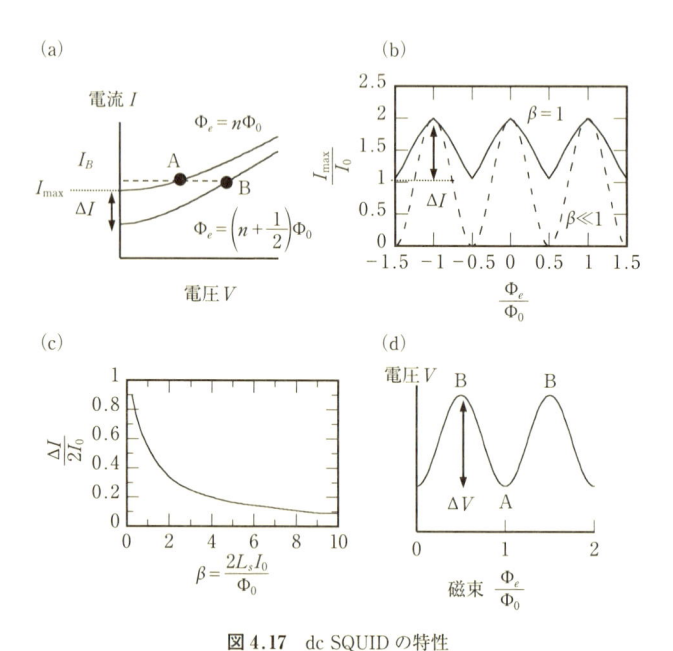

図 4.17 dc SQUID の特性
(a) 電流-電圧（I-V）特性，(b) ゼロ電圧電流 $I_{\max}$ の磁束依存性，(c) 電流の変調分 ΔI のパラメータ β の依存性，(d) 磁束-電圧（V-Φ）特性．

$I_B = 2I_0 \sin\{(\theta_1+\theta_2)/2\}\cos\{(\theta_1-\theta_2)/2\}$ の関係が得られる．したがって，電圧を発生せずに流せるバイアス電流 I_B の最大値 $I_{\max}$ は $(\theta_1+\theta_2)/2=\pi/2$ の場合であり，

$$I_{\max}(\Phi_e) = 2I_0\left|\cos\frac{\pi\Phi_e}{\Phi_0}\right| \tag{4.44}$$

と与えられる．

インダクタンス L_s が大きくなり $L_s I_0/\Phi_0 \ll 1$ の条件が成り立たない場合には，自己磁束 $L_s J$ の項を無視できなくなる．その場合には，(4.41)～(4.43) 式を数値的に解くことにより $I_{\max}$-Φ_e 曲線を求めることができ，L_s と I_0 の積で与えられるパラメータ

$$\beta = \frac{2L_s I_0}{\Phi_0} \tag{4.45}$$

に強く依存することが知られている．このパラメータは，(4.40) 式で与えられるパラメータ α と π だけ異なり，両者とも L_s と I_0 の積を表す量であるが，rf SQUID では α が，dc SQUID では β が用いられている．

図 4.17 (b) に，パラメータ β が $\beta=1$ の場合の $I_{\max}$-Φ_e 曲線の数値計算結果を示す．参考のため，(4.44) 式で与えられる $\beta \ll 1$ の場合の結果も破線で示している．図に示すように，dc SQUID に流せる最大のゼロ電圧電流 $I_{\max}$ は，磁束 Φ_e がない場合には $I_{\max}=2I_0$ となる．磁束を印加すると $I_{\max}$ の値は減少していき，磁束が $\Phi_e=\Phi_0/2$ のときに最小となる．その後磁束を増加すると，ゼロ電圧電流の値は再び増加し，磁束量子 Φ_0 を周期として周期的に変化する．なお，磁束によるゼロ電圧電流の変調分 $\Delta I = I_{\max}(\Phi_e=0) - I_{\max}(\Phi_e=\Phi_0/2)$ は，図 4.17 (c) に示すようにパラメータ β の値に依存し，$\Delta I = 2I_0/(1+\beta)$ と近似的に与えられる．

SQUID に流すバイアス電流 I_B を一定にしておくと，発生電圧 V は図 4.17 (d) に示すように外部磁束 Φ_e により Φ_0 を周期として周期的に変化することになる．この特性を SQUID の電圧-磁束特性（V-Φ 特性）と呼ぶ．すなわち，SQUID は入力磁束 Φ_e を出力電圧 V に変換する変換器としての機能をもつ．磁束による電圧の変化分を変調電圧 ΔV，微分 $V_\Phi = dV/d\Phi$ を変換係数と呼ぶ．磁気センサとして使用する場合にはこの特性を利用し，磁束量子 Φ_0 の数十万分の1程度の極めて小さな磁束の変化を検出することが可能なため，高感度の磁気センサが実現できる．

4.4 超伝導デバイス

これまでに述べた超伝導現象を利用することにより,室温デバイスにはない性能をもった種々の電子デバイスや回路が開発されており,超伝導エレクトロニクスと呼ばれる分野を形成している.その代表的なものを表4.2に示す.以下にこれらの応用について簡単に述べる.

4.4.1 光・X線検出器
a. マイクロカロリメータ

図4.1に示したように,超伝導体では臨界温度 (T_c) 付近で急激な抵抗の変化が生じる.この急激な抵抗の変化を利用することにより,高感度な光・X線検出器が作製されている.図4.18に検出器の模式図を示す.動作原理は以下の通りである.まず光やX線のエネルギーを吸収体(Bi)に吸収させることにより,吸収体の温度が ΔT だけ上昇する.吸収体の温度上昇を熱伝導により超伝導薄膜(Al-Ag)に伝達する.この結果超伝導薄膜の温度も上昇し,それに伴って薄膜の抵抗が $\Delta R = (dR/dT)\Delta T$ だけ変化する.応答速度を高めるため,超伝導薄膜は一定

表4.2 超伝導現象を利用した電子デバイス

超伝導現象	デバイス	応用例
永久電流	超伝導コイル	磁界検出用コイル MRI用マグネット
抵抗-温度特性	光・X線検出器(マイクロカロリメータ)	分析機器
準粒子励起	光・X線検出器 (ナノワイア,カイネティック・インダクタンス)	分析機器 量子暗号通信
極低損失	High Q共振器 マイクロ波フィルタ	MRI用検出コイル 移動体通信用フィルタ
ジョセフソン効果	ジョセフソン接合	電圧標準 超伝導回路用デバイス
トンネル効果	SISミキサ	電波天文
	光・X線検出器	分析機器
磁束の量子化	SQUID磁気センサ	医療機器(脳・心臓磁界) 非破壊検査
	SFQディジタル回路	ディジタル集積回路

4.4 超伝導デバイス

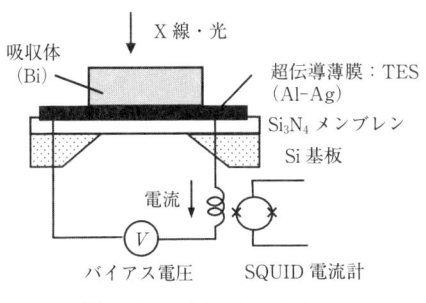

```
         ↓ X線・光
吸収体 ┌─────┐
(Bi)  │     │    超伝導薄膜：TES
      └─────┘    (Al-Ag)
━━━━━━━━━━━━━━
                  Si₃N₄ メンブレン
                  Si 基板

        電流 ↓
      ─V─      ⊗
   バイアス電圧   SQUID 電流計
```

図 4.18 マイクロカロリメータ

の電圧 V でバイアスされており,抵抗の変化を電流の変化 ΔI として検出する.電流計としては,前に述べた SQUID が用いられる.臨界温度付近の急激な抵抗変化を利用することにより,dR/dT の値を極めて大きくとることができるため,微小な温度変化,すなわち微弱な光・X 線を高感度に検出することができる.

このタイプの検出器は光や X 線のエネルギーを熱エネルギーに変換して検出するため,いわゆるボロメータ(または超伝導転移を利用したマイクロカロリメータ,あるいは TES：transition edge sensor)と呼ばれている.この検出器を用いたエネルギー分散型 X 線検出システム(EDX)が開発されており,従来の半導体検出器では不可能であった,微量不純物の検出などの高精度な物質分析を可能にしている.また,フォトン 1 個が検出できる高感度光センサも開発されており,フォトンカウンティングとして用いられている.

b. ナノワイア

4.1.2 項で述べたように,超伝導体に光または X 線を照射した場合には,これらのエネルギーを吸収して超伝導電子対(クーパーペア)が破壊され,準粒子が励起される.ナノメートルサイズの超伝導細線では,細線内の超伝導電子対の数 n_s が少ないため,電子対の破壊の影響を強く受けることになる.すなわち,超伝導電子対のわずかな減少でも細線の電流-電圧特性が大きく変化することになる.この現象を用いれば,超伝導細線の電流-電圧特性の変化から光や X 線を高感度に検出することができ,これらの検出器はナノワイア検出器と呼ばれている.

c. カイネティック・インダクタンス

4.1.6 項で述べたように,薄膜のカイネティック・インダクタンス l_k は超伝導電子対の数に反比例する.そのため,電子対が破壊されて n_s が減少した場合には

l_k の値が増加することになる．超伝導薄膜によりマイクロ波帯での共振回路を構成しておけば，このインダクタンスの変化を高感度に検出することができる．この原理を利用したX線検出器は，MKID (microwave kinetic inductance detector) と呼ばれている．

d. 準粒子トンネル電流

図 4.14 (a) に示したように，接合に光またはX線を照射した場合には，これらのエネルギーを吸収して超伝導電子対（クーパーペア）が破壊され，準粒子が励起される．したがって，接合に電圧を印加しておけば，励起された準粒子は準粒子トンネル電流として接合を流れることになるため，電流を検出することにより光・X線を検出できる．この動作原理は半導体を用いた光・X線検出器と同様であるが，励起される準粒子が半導体に比べて1000倍ほど多くなるので，その分だけ高感度な検出器が作製できる．

4.4.2 マイクロ波フィルタ

図 4.9 (c) に示したように，超伝導薄膜はマイクロ波帯で金属に比べて極めて低い損失を示す．この低損失性を利用することにより，マイクロ波帯で極めて高いQ値をもつ共振器が実現できる．その共振器をMRI（核磁気共鳴を利用した生体の断面画像測定装置）用の検出コイルに用いることにより，検出感度の向上が得られている．

また，共振器を組み合わせることにより，図 4.19 に示すようなマイクロ波帯で

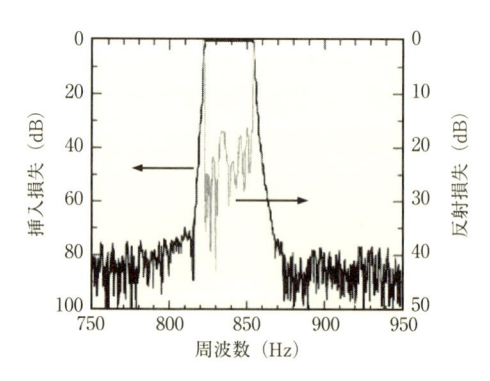

図 4.19 マイクロ波バンドパス・フィルタの帯域通過特性

のバンドパス・フィルタが実現できる．図はフィルタの帯域通過特性を示しており，挿入損失の周波数依存性をみると，通過帯域（820 MHz＜f＜855 MHz）では損失なしに信号を通過させ，遮断帯域では 80 dB（電力で 1/10^4）で信号を遮断していることがわかる．また，通過帯域（バンド）から遮断帯域への遷移が非常に急峻であることもわかる．このようなフィルタ特性は金属では実現できない理想的なもので，他のバンドからの干渉を有効に阻止できるため周波数資源の有効利用が可能であり，移動体通信における基地局フィルタとして用いられている．

なお，超伝導薄膜で大電力のマイクロ波を取り扱う場合には，図 4.9 (b) の等価回路に示す L や R の非線形性が問題になる場合がある．すなわち，マイクロ波の電力が大きくなると，L や R の値が一定値ではなくマイクロ波電流や発生磁界に依存するようになる．その結果，回路の動作に非線形性が生じるため，この非線形効果をなくすように，電力密度が集中しないような回路設計が重要となる．

4.4.3 電圧標準

ジョセフソン接合に電磁波を照射すると，図 4.13 に示したように電流-電圧特性にシャピロステップが生じる．(4.33) 式に示すように，ステップの電圧位置は印加する電磁波の周波数 f により $V=n\Phi_0 f$ で決定される．周波数 f は高精度に測定することができるので，この関係を用いて電圧を高精度に定義することができる．この方法を用いた電圧の決定法は，ジョセフソン電圧標準として実用化されている．なお，用いられる周波数は $f=100$ GHz 程度であり，(4.33) 式から対応する電圧は $n=1$ の場合には $V=200\,\mu V$ 程度にしかならない．そのため，実際の電圧標準ではジョセフソン接合を 1000 個程度直列に接続して発生電圧を 1000 倍高めることにより，1 V の電圧標準として用いられている．

4.4.4 ミリ波・サブミリ波検出器

ジョセフソン接合を用いた，ミリ波・サブミリ波帯の電磁波を検出するためのミキサも開発されている．ミキサは，ミリ波・サブミリ波帯の信号波を低周波信号に変換するのに用いられる．これは，周波数の高い信号波を直接検出することが困難なためである．周波数の変換のためには，素子の非線形性が用いられる．すなわち，素子に周波数 f_s の信号波と周波数 f_{LO}（$\sim f_s$）の局部発振波を同時に印加すると，素子の非線形により $f_{IF}=f_s-f_{LO}$ の中間周波数をもった成分が生じる．

ミキサに用いられる電流-電圧特性の非線形としては，以下の2種類がある．ジョセフソン接合に電磁波を印加した場合には，図4.13に示したように電流-電圧特性にシャピロステップが生じる．このシャピロステップの非線形性を利用したミキサが，ジョセフソン接合ミキサである．一方，図4.14に示したように，準粒子特性にはフォトン・アシスティッド・トンネル電流ステップが生じる．この電流ステップによる非線型性を利用したミキサは，SISミキサと呼ばれている．SISミキサの雑音温度は，従来の半導体ショットキー・ダイオードを用いたミキサに比べて極めて低いため，ミリ波・サブミリ波帯では従来の半導体ミキサがSISミキサに置き換えられている．特に，この周波数帯での電波天文に応用され，多くの成果を得ている．

4.4.5 SQUIDセンサ

4.3節で述べたように，SQUIDの電流-電圧特性はSQUIDループに鎖交する磁束Φにより変調される．この特性を利用すると，SQUIDを磁気センサとして用いることができる．SQUID磁気センサは$B = 10^{-15}$ Tまでの極めて微弱な磁界が検出でき，医学・バイオ計測，材料・分析評価，非破壊検査，磁気探査などに応用されている．

図4.20にdc SQUIDを用いたセンサシステムの構成を示す．システムは，磁気結合回路（検出コイルと入力コイル），SQUID，駆動回路（FLL回路）の3つで構成されている．信号磁界B_sは検出コイルで検出され，磁気結合回路によりSQUIDへ磁束Φ_sとして伝達される．信号磁束Φ_sはSQUIDにより電圧V_sに変換されFLL回路により検出される．

a. SQUIDの磁束分解能

SQUIDは入力磁束を電圧に変換する変換器として動作するため，どれくらいの

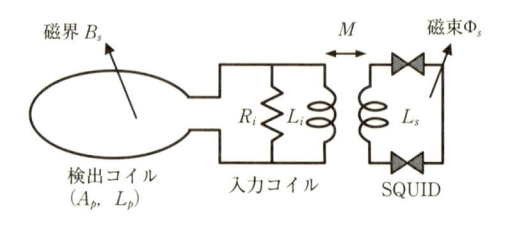

図4.20 SQUID磁気センサ

微小な磁束を検出できるかが重要になる．SQUID が検出できる磁束の最小値は，単位周波数あたりの磁束雑音スペクトル密度 $S_\Phi(f)$ で表される．磁束ノイズを与える1つの要因はジョセフソン接合からの熱雑音であり，この場合の $S_\Phi(f)$ は以下のように与えられている．

$$S_\Phi \approx \frac{10 k_B T L_s^2}{R} \tag{4.46}$$

ここで，R は接合抵抗，L_s は SQUID のループインダクタンス，k_B はボルツマン定数である．なお，上式は周波数に依存しないいわゆる白色雑音となっている．上式より，SQUID の代表的な値 $R=5\,\Omega$，$L_s=100\,\mathrm{pH}$ に対して，磁束ノイズの値として $T=4.2\,\mathrm{K}$ で $S_\Phi^{1/2}=0.5\,\mu\Phi_0/\mathrm{Hz}^{1/2}$ が，また $T=77\,\mathrm{K}$ で $S_\Phi^{1/2}=2.2\,\mu\Phi_0/\mathrm{Hz}^{1/2}$ が期待できる．すなわち，量子磁束 Φ_0 の 100 万分の 1 程度の極めて小さな値となる．

磁束ノイズを与えるもう1つの要因は，超伝導薄膜にトラップした磁束の揺らぎやジョセフソン接合の不完全さである．この場合には，磁束雑音のスペクトル $S_\Phi(f)$ は周波数の低下とともに増加し，いわゆる $1/f$ ノイズとなる．そのため，低周波数の測定においては $1/f$ ノイズを低減することが重要となってくる．

b．磁気結合回路

SQUID を構成するインダクタンスは $L_s=100\,\mathrm{pH}$ 程度であり，その面積は $A_s=0.1\,\mathrm{mm}\times 0.1\,\mathrm{mm}$ と非常に小さい．このため，SQUID 単体で磁界を検出すると感度はそれほど高くなく，磁気センサとして用いる場合には，図 4.20 に示すように磁界を $A_p=1\,\mathrm{cm}\times 1\,\mathrm{cm}$ 程度の面積をもつ磁界検出コイルで検出し，その磁束を磁気結合回路を介して SQUID へ伝達する方法がとられる．

検出コイルで検出した磁界 B_s がどれくらい SQUID に信号磁束 Φ_s として伝達されるかは，磁気結合回路の有効面積 $A_{eff}=\Phi_s/B_s$ で表される．図 4.20 では，検出コイルと SQUID との磁気結合を薄膜の磁束トランスを用いて行っており，磁束トランス形の結合方式と呼ばれる．このとき，SQUID に磁気結合するためのコイル L_i を入力コイルと呼ぶ．

図 4.20 では，検出コイルと入力コイルが閉ループを形成している．検出コイルの面積を A_p，インダクタンスを L_p とし，入力コイルのインダクタンスを L_i とする．検出コイルに磁界 B_s を印加すると，検出コイルには $\Phi_p=A_p B_s$ の磁束が鎖交する．閉ループ内の磁束はゼロに量子化されているため，閉ループには電流 J が

流れることになる．電流による磁束 $J(L_p+L_i)$ が印加磁束 A_pB_s を打ち消すため，ループ電流は $J=A_pB_s/(L_p+L_i)$ で与えられる．したがって，入力コイルと SQUID の間の相互インダクタンスを M とすれば，SQUID に伝達される信号磁束 Φ_s は

$$\Phi_s = MJ = \frac{B_s A_p M}{L_p + L_i} \tag{4.47}$$

と与えられる．すなわち，有効面積は $A_{eff}=\Phi_s/B_s=A_p M/(L_p+L_i)$ となる．なお，L_i と M の値は入力コイルの巻数 N に対して N^2 および N で増加していく．通常，巻数としては $N=10 \sim 40$ が用いられており，$A_p = 1\,\text{cm} \times 1\,\text{cm}$ の検出コイルを用いた場合の有効面積は $A_{eff} = 2\,\text{mm}^2$ 程度となる．

入力コイルを介さず検出コイルを SQUID インダクタンスに直接結合したものも用いられており，この場合は直接結合型の結合方式と呼ばれている．その結合方法では単層の製膜プロセスで SQUID と検出コイルを同時に製作できるため，プロセスが容易で信頼性が高く，高温超伝導体に主として用いられている．ただし，有効面積の値はそれほど大きくなく，$A_p=1\,\text{cm}\times 1\,\text{cm}$ の磁界検出コイルで $A_{eff}=0.2\sim 0.4\,\text{mm}^2$ の値となる．

磁気結合回路を SQUID に結合した磁気センサの性能は最小検出磁界 $S_B^{1/2}$ で表され，磁束ノイズ $S_\Phi^{1/2}$ と磁気結合回路の有効面積 A_{eff} を用いると $S_B^{1/2}=S_\Phi^{1/2}/A_{eff}$ と与えられる．$A_p=1\,\text{cm}\times 1\,\text{cm}$ の磁界検出コイルを用いた場合には，$T=4.2\,\text{K}$ では $S_B^{1/2}=2\sim 10\,\text{fT/Hz}^{1/2}$ が，また $T=77\,\text{K}$ では $S_B^{1/2}=10\sim 100\,\text{fT/Hz}^{1/2}$ が得られている．

c．FLL 回路

図 4.17（d）に示すように，SQUID の V-Φ 特性は磁束量子 Φ_0 を周期として周期的に変化する．そのため，SQUID 電圧をそのまま測定すると信号磁束 Φ_s と出力電圧 V_s の間の線形性は確保できない．センサとしての直線性を確保し，さらに Φ_0 以上の信号磁束も測定できるようにするため，図 4.21 に示すような負帰還回路（flux locked loop：FLL 回路）が用いられている．

動作は以下の通りである．まず，信号磁束 Φ_s を図 4.21（a）に示す SQUID の V-Φ 特性を利用して電圧 V_s に変換する．このとき，電圧出力は $V_s=(dV/d\Phi)\Phi_s$ で与えられる．なお，変換係数 $V_\Phi=dV/d\Phi$ を最大にするため，バイアス磁束 $\Phi_B \approx \Phi_0/4$ を用いて V-Φ 特性の傾きの急な点 A にバイアスする．この電圧出力を，図 4.21（b）に示すようにプリアンプで増幅し，積分回路を通した後にフィ

4.4 超伝導デバイス

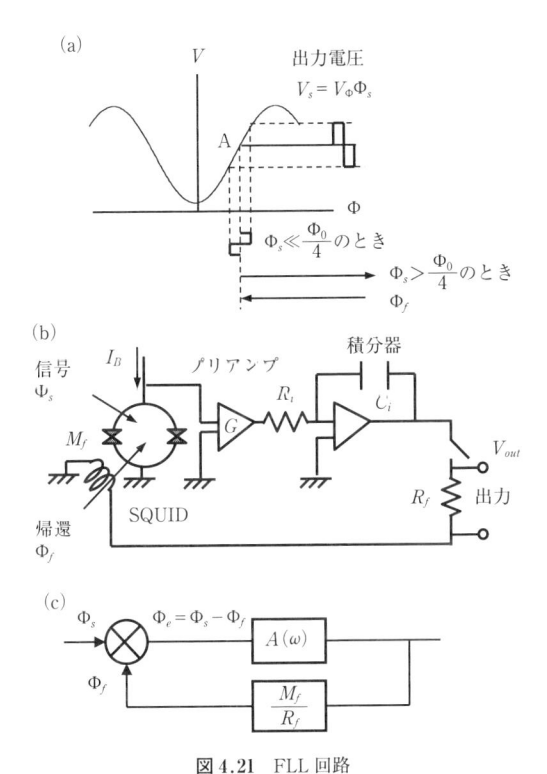

図 4.21 FLL 回路
(a) V-Φ 特性上での動作，(b) 回路構成，(c) 回路のブロック・ダイアグラム．

ードバック磁束 Φ_f として SQUID ループに負帰還させる．フィードバック磁束 Φ_f により信号磁束 Φ_s を打ち消し，$\Phi_s - \Phi_f = 0$ の状態を保つ．このとき SQUID の動作点は図 4.21 (a) の A 点に常にロックするため，この回路を FLL と呼んでいる．

FLL 回路は，図 4.21 (c) に示すようなブロック・ダイアグラムで表され，$A(\omega)$ はフィードバック・ループを開いた場合のオープンループ・ゲインである．SQUID の変換効率 V_Φ，プリアンプのゲイン G_a，積分器の特性 $-i(1/C_i R_i)(1/2\pi f)$ を含めた回路の入力磁束 Φ_s に対するオープンループ・ゲインは，$A(f) = -iV_\Phi G_a(1/C_i R_i)(1/2\pi f)$ と与えられる．また，帰還パラメータはフィードバック抵抗 R_f と相互インダクタンス M_f により M_f/R_f で与えられる．

この場合には，負帰還ループで帰還される帰還磁束 Φ_f とエラー磁束 $\Phi_e = \Phi_s - \Phi_f$，

およびFLL回路の出力電圧 V_{out} の表式は以下のように与えられる．

$$\frac{\Phi_f}{\Phi_s} = \frac{1}{1+if/f_c} \quad (4.48)$$

$$\frac{\Phi_e}{\Phi_f} = \frac{if}{f_c} \quad (4.49)$$

$$V_{out} = \frac{R_f}{M_f} \frac{1}{1+if/f_c} \Phi_s \quad (4.50)$$

ただし，$f_c = V_\Phi G_a (1/C_i R_i)(M_f/R_f)(1/2\pi)$ である．

前述したように，FLL回路では信号磁束 Φ_s を打ち消すように帰還磁束 Φ_f が加えられる．回路のオープンループ・ゲインが非常に大きい場合には，(4.49) 式で $f_c \gg f$ となり信号磁束 Φ_s は帰還磁束 Φ_f で完全に打ち消される．この場合には，FLLの出力電圧は (4.50) 式から $V_{out} = (R_f/M_f)\Phi_s$ となり信号磁束に比例する．すなわち，FLL回路を用いることによりSQUIDのV-Φ特性が非線形でも，線形な入出力特性をもつ磁気センサとして動作させることができる．また，量子磁束 Φ_0 以上の大きな信号磁束も測定できるようになる．

信号周波数 f が大きくなり $f_c \gg f$ の条件が満たされなくなると，(4.48) 式に示すように，帰還磁束 Φ_f の量は周波数 f とともに減少する．この場合には信号磁束は完全には打ち消されず，(4.49) 式に示すエラー磁束 $\Phi_e = \Phi_s - \Phi_f$ が残る．また，(4.50) 式に示すようにFLLの出力電圧 V_{out} も周波数とともに減少する．そのためFLL回路が追随できる周波数の上限は f_c で与えられ，この周波数を遮断周波数と呼ぶ．遮断周波数はFLL回路で測定できる信号周波数の上限を決めるので，周波数の高い信号を測定するためには f_c を大きくするように回路パラメータを選定する必要がある．

なお，SQUIDから出力される信号電圧 V_s は微小であり，SQUIDセンサの性能を十分に引き出すためには，FLL回路のプリアンプとしては低雑音のものが要求される．プリアンプの入力雑音を V_{na} とすると，この雑音で制限される最小検出磁束は $\Phi_{na} = V_{na}/V_\Phi$ となる．磁束-電圧変換効率 V_Φ の代表的な値としては $V_\Phi = 100\,\mu V/\varphi_0$ があり，$\Phi_{na} < 10\,\mu\Phi_0/\mathrm{Hz}^{1/2}$ とするためにはアンプの入力雑音を $V_{na} < 1\,\mathrm{nV/Hz}^{1/2}$ としなければならない．プリアンプの雑音に対する要求を緩和しSQUID出力を高感度に読み出すために，変調型と呼ばれるFLL回路も用いられている．

d. グラディオメータ

SQUID センサは高感度であり微弱磁界の計測に用いられるが,その際に問題となるのが環境磁気雑音である.磁気雑音の大きさは信号磁界に比べて $10^4 \sim 10^6$ 倍ほど大きいため,除去しないと信号磁界は計測できない.環境磁気雑音を除去する方法としては,磁気シールドとグラディオメータがある.磁気シールドは磁性体や高温超伝導体を用いて製作されており,磁気雑音を $1/10^4 \sim 1/10^6$ 程度にまで減衰できるが,高価であり低価格化が望まれている.

グラディオメータは磁界の空間微分を測定することにより,空間的に均一な環境磁気雑音を除去する方法である.図 4.20 に示す磁気結合回路では,磁界検出コイルに鎖交する磁束をそのまま検出している.このタイプのセンサはマグネトメータと呼ばれ,信号磁界と環境磁気雑音が同時に検出される.それに対して,図 4.22(a)に示すように検出コイルを 2 個用いて互いに逆向きになるようにコイルを接続した場合には,磁界の空間微分を測定することになる.このタイプのセンサをグラディオメータと呼び,空間的に均一な磁界成分は SQUID へは伝達されず,磁界の空間微分のみが SQUID への入力磁束となるため,空間的に一様な雑音成分を除去することができる.図 4.22(a)では磁界の一次微分を測定するため,一次微分型のグラディオメータと呼ばれる.また,図 4.22(b)に示すように検出コイルを配置すれば,磁界の二次微分を測定するため,二次微分型のグラディオメータと呼ばれる.

e. 応用分野

SQUID センサの高感度性を利用することにより,従来のセンサでは不可能であ

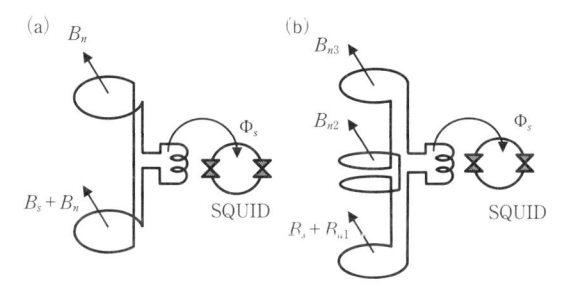

図 4.22 グラディオメータ
(a) 一次微分型,(b) 二次微分型.

った微弱な信号の計測が可能となり，表4.3に示すような高機能センサシステムが開発されている．主なものとしては，医療・バイオ応用，材料分析・評価応用，電子計測応用，磁気探査がある．

医療・バイオ応用の代表的なものは生体磁気計測で，脳や心臓から発生する磁界を測定し，脳機能や心臓機能の診断・解析を行うものである．SQUIDセンサアレイを用いて体表面での磁界分布を測定し，信号源（活動部位）を推定する．SQUIDは，ミリ秒台の高い時間精度とミリメートル程度の高い空間精度で信号源を推定できるという，他にはない優れた特徴を有している．現在100チャンネル程度のセンサシステムが開発されており，脳磁界計測については，運動・知覚・聴覚・視覚・嗅覚などの機能を担っている脳の部位を高精度に同定する，いわゆる脳機能のマッピングが行われている．心臓磁界計測については，不整脈や心筋梗塞の早期診断を目的とした臨床応用や胎児の心機能診断などに用いられている．

また，血液検査などの医療診断に必要な疾患由来の蛋白質や病原菌を高感度に検出する装置も開発されている．この場合には，ナノメートルサイズの磁気微粒子を用いて検査試薬を標識し，検出用の磁気マーカーとして用いる．磁気マーカーからの磁界をSQUIDセンサで測定することにより，蛋白質や病原菌を高感度に検出できる．

さらに，SQUIDセンサを用いた低磁界MRIやNMRも研究されている．誘導

表4.3 SQUID磁気センサの応用分野

分野	計測システム	用途
医療・バイオ	生体磁気計測	脳機能・心臓機能の解析と診断
	免疫検査	細胞や蛋白質などの検査
	低磁界MRI	診断・解析
材料・集積回路	非破壊検査	食品や材料内の不純物検査 構造材の欠陥・劣化検査
	磁気顕微鏡	超伝導・磁性材料評価 半導体・集積回路の欠陥検査
電子計測	物性評価	材料評価・解析
	電流・電圧計	高速・高感度な電流・電圧計
	低雑音増幅器	マイクロ波帯での低雑音増幅器
磁気探査	地下探査	資源探査

コイルを検出器として用いた場合は数 T の励起磁界が必要となるが，SQUID センサを検出器として用いれば，励起磁界を mT から μT の低磁界にしても高感度な分析が可能となるため，新しい測定技術として注目されている．

材料分析・評価関係では，非破壊検査，SQUID 磁気顕微鏡，物性評価への応用がなされている．非破壊検査は，構造物内部の欠陥検査や食料品・高純度材料内の磁気不純物の検出を行うものである．欠陥検出については，従来の渦電流法では不可能であった表面から数 cm の深部の欠陥検査が可能となっており，航空機などに用いられるアルミニウム合金や炭素強化プラスチックの深部の欠陥検査などへの適用が検討されている．磁気不純物検出については，従来法では不可能であった微小な不純物検出を可能としており，食料品や高純度材料の検査装置として実用化されつつある．

SQUID 磁気顕微鏡は，微小領域の磁気特性や電流を測定するために開発されており，サブミクロンから数十ミクロン程度の空間分解能で超伝導・磁性材料の局所的な評価を行う，走査顕微鏡システムが開発されている．MFM などの他の顕微鏡に比べると空間分解能は高くないが，磁界感度および定量性については非常に優れた性能を有する．また，集積回路（LSI）の配線欠陥（ショート，断線，コンタクト不良など）の検査へも応用されている．磁気マッピングにより配線欠陥に起因する電流分布の異常を検出し，故障診断を行う．

SQUID センサを用いた物性評価のための精密計測は，すでに確立された分野である．低磁界から高磁界における磁気特性だけでなく，試料の電気特性や熱特性を広い温度領域で精密に測定できる物性評価装置として市販されており，物性評価の分野で標準的な計測装置として用いられている．

また，高感度な電流計やマイクロ波帯での低雑音増幅器が開発されている．電流分解能が数 $pA/Hz^{1/2}$ 程度で応答周波数が数 MHz の SQUID 電流計が開発されており，図 4.18 に示した超伝導検出器などの種々の精密測定に用いられている．さらに，周波数が数十 MHz〜数 GHz の電流信号を増幅するための SQUID 増幅器や，数 GHz 以上の電流波形を測定するためのジョセフソンサンプラーも開発されている．

磁気探査では，SQUID センサを用いて地下数百 m から数 km の構造や資源を探査する．送信器により地表からパルス状の磁界を印加し，地中からの渦電流による反射磁界を測定することにより地下構造の探査を行う．同様の手法を用いて，

遺跡探査，海洋探査，地下の汚染状況の検査などの種々の応用が検討されている．

4.4.6 SFQディジタル回路

ディジタル回路は，論理状態「0」と「1」の組み合わせにより構成される．したがって，回路を実現するためには「0」状態と「1」状態を遷移させるスイッチ素子と状態を記憶するためのメモリ素子が必要になる．ジョセフソン接合およびSQUIDを用いると，これらの素子を実現できる．接合のスイッチング速度は数psと高速であり，かつスイッチングに伴う消費電力が数μWと極めて小さいという利点を有する．また，SQUIDループ内の磁束は磁束量子Φ_0の整数倍で量子化されているため，磁束量子Φ_0を情報の担体として用いて，メモリ素子や論理回路を構成することができる．磁束量子を情報の担体として用いることから，このようなデジタル回路は超伝導単一磁束量子回路（SFQ回路：single flux quantum circuit）と呼ばれている．

SFQ回路では信号は電圧パルスで伝送される．図4.23（a）に，rf SQUID（4.3.1項参照）を用いたSFQパルスの発生と伝送を示す．SFQ回路では，接合の抵抗Rは（4.25）式で与えられるMcCumberパラメータが$\beta_c=1$となるように選定している．これは，電流-電圧特性にヒステリシスを発生させない条件で，できるだけ大きな電圧出力を得るためである．

図4.23（b）に，rf SQUIDのインダクタンスパラメータを$\alpha=2\pi I_0 L_s/\Phi_0=2\pi$としたときの外部磁束$\Phi_e$と内部磁束$\Phi$の関係を示す．図に示すように，この場合には$\Phi_e$-$\Phi$特性はヒステリシスを示し，$\Phi_e=0$では内部磁束は$\Phi=0$と$\Phi=\Phi_0$の

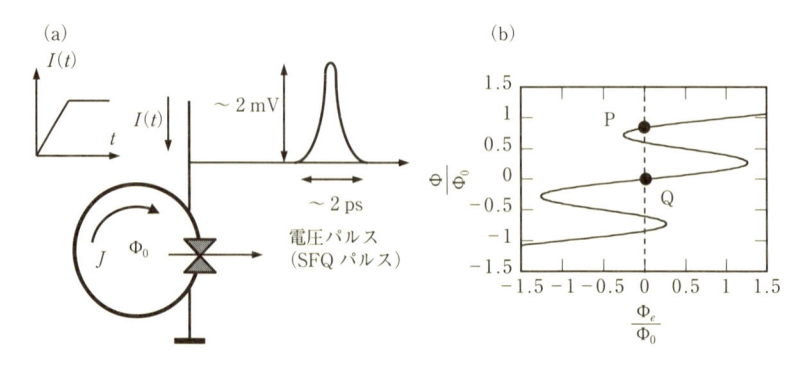

図4.23 SFQパルス発生回路

2つの状態が存在する．最初に $\Phi = \Phi_0$ の状態であったと仮定する（図の動作点P）と，超伝導ループには磁束を保持するような周回電流 J が流れている．この状態で図4.23 (a) に示すようなバイアス電流 $I(t)$ を流すと，電流は最初は接合部に流れ，$J + I(t) = I_0$ となった時点で接合は電圧状態になる．しかしながら，インダクタンス L_s が接合に並列に接続されているため，この時点でバイアス電流は L_s に流れ始め，接合部の電流は減少し始める．その結果，接合部を流れる電流は I_0 以下になり，接合部は再びゼロ電圧状態となる．したがって，接合部の両端には図4.23 (a) に示すような電圧パルスが発生することになる．この電圧パルスをSFQパルスと呼ぶ．

SFQパルスの高さは接合の I_0R 積で与えられ，1〜2 mV となる．SFQパルスの幅は電圧の立ち上り時間 T_r と立ち下り時間 T_f の和として与えられ，数psとなる．ここで，立ち上り時間 T_r は接合容量 C と抵抗 R の時定数で，大まかに $T_r = CR$ と与えられる．$\beta_c = (2\pi/\Phi_0)I_0CR^2 = 1$ の条件を用いると，$T_r = (1/2\pi)(\Phi_0/I_0R)$ となる．一方，立ち下り時間はインダクタンス L_s と抵抗 R の時定数により，大まかに $T_f = L_s/R$ で与えられる．$\alpha = 2\pi I_0 L_s/\Phi_0 = 2\pi$ の条件を用いると，$T_f = \Phi_0/I_0R$ となる．上式から明らかなように，パルス幅を短くするためには接合の I_0R 積を大きくすることが重要である．

図4.23 (b) に示す rf SQUID の動作点は，SFQパルスの発生の前後では点Pから点Qに移動する．点Pから点Qに動作点が移動したことは，超伝導ループに蓄えられていた量子磁束 Φ_0 が接合を通って電圧パルスとして出て行ったことに対応する．したがって，電磁誘導の法則から，SFQパルス電圧を時間積分したものは磁束量子に等しいことになる．言い換えれば，SFQパルスの高さとパルス幅の積は量子磁束に等しくなる．すなわち，SFQ回路では信号は電圧パルスの形で伝搬されるが，電圧の積分値は量子磁束に量子化されていることになり，情報の担体として安定なものとなる．

SFQ回路の例として，フリップフロップ回路を図4.24に示す．図で JJ_1-L_2-L_3-JJ_2 で構成されるループは dc SQUID を形成しており，このループに情報（磁束量子 Φ_0）が蓄えられる．セット入力にSFQパルスを印加し，dc SQUID に磁束量子 Φ_0 を蓄える．逆にリセット入力にSFQパルスを印加すると，dc SQUID に蓄えられていた磁束量子は L_4 を通して出力される．以下に動作を簡単に説明する．

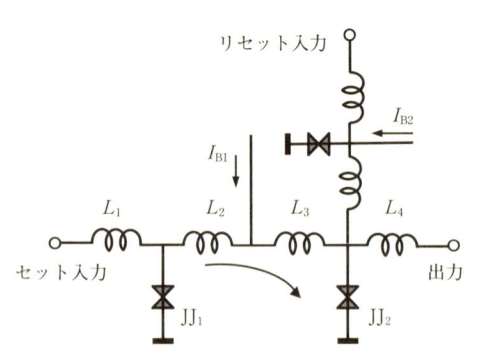

図 4.24　SFQ フリップフロップ回路

初期状態として，dc SQUID に磁束が蓄えられていない状態を仮定する．dc SQUID のインダクタンス L_3 の値を L_2 に比べて大きく設定しておき，バイアス電流 I_B を流す．この状態では，バイアス電流 I_B はほとんど接合 JJ_1 に流れており，接合 JJ_1 は臨界電流値に近い状態にバイアスされている．セット入力端子から SFQ パルスを加えると，パルス電流は最初接合 JJ_1 に流れ込み，接合 JJ_1 は電圧状態となる．その結果，JJ_1 に流れていたバイアス電流 I_B は L_3 を通って接合 JJ_2 に流れるようになる．接合 JJ_1 に流れる電流が減少し臨界電流値以下になると，JJ_1 はゼロ電圧に復帰する．このとき，dc SQUID には量子磁束 Φ_0 が蓄えられる．すなわち，フリップフロップにデータ「1」が書き込まれたことになる．

この状態で，リセット入力から SFQ パルスを印加すると，パルス電流は接合 JJ_2 を流れる．dc SQUID に量子磁束が蓄えられていると，JJ_1-L_2-L_3-JJ_2 で構成されるループには周回電流 J が流れており，この周回電流と SFQ パルス電流により接合 JJ_2 が電圧状態にスイッチすることになる．その結果，dc SQUID に蓄えられていた量子磁束は接合 JJ_2 を通って出て行き，出力端子に電圧パルスが発生することになる．以上より，図 4.24 がフリップフロップ回路として動作していることがわかる．

演習問題

4.1 (4.1) 式を解いてループ電流 I の表式を求めよ．
4.2 (4.10) 式を導出せよ．また，平板内を流れる超伝導電流 j_s の表式を求めよ．
4.3 (4.15) 式を導出せよ．
4.4 ジョセフソン接合の電流-電圧特性を示す (4.26), (4.27) 式を導出せよ．
4.5 (4.32) 式で与えられるフラウンホーファーパターンを導出せよ．
4.6 dc SQUID の特性を示す (4.44) 式を導出せよ．
4.7 図 4.20 から (4.47) 式を導出せよ．
4.8 図 4.21 の FLL 回路から (4.48) - (4.50) 式を導出せよ．
4.9 図 4.22 のグラディオメータで SQUID に伝達される磁束を求めよ．

演習問題解答

[第1章]

1.1 長さ L の領域内での波動関数の規格化条件より，

$$\int_0^L \left\{ A\sin\left(\frac{\pi}{L}x\right) \right\}^2 dx = A^2 \int_0^L \left\{ \left(1 - \cos\left(\frac{2\pi}{L}\right)\right)/2 \right\} dx = \frac{A^2}{2} L = 1$$

$$\therefore A = \sqrt{\frac{2}{L}}$$

1.2

$$\frac{\partial}{\partial x}\left\{(2-x)e^{-\frac{x}{2}}\right\} = 2\left(-\frac{1}{2}\right)e^{-\frac{x}{2}} - 1 \cdot e^{-\frac{x}{2}} + (-x)\left(-\frac{1}{2}\right)e^{-\frac{x}{2}} = -\frac{1}{2}(2-x)e^{-\frac{x}{2}}$$

∴演算子 $\partial/\partial x$ に対する固有値は $-1/2$．

$$\frac{\partial^2}{\partial x^2}\left\{(2-x)e^{-\frac{x}{2}}\right\} = \frac{\partial}{\partial x}\left\{\frac{\partial}{\partial x}\left\{(2-x)e^{-\frac{x}{2}}\right\}\right\} = \frac{\partial}{\partial x}\left(-\frac{1}{2}\right)(2-x)e^{-\frac{x}{2}}$$

$$= \left(-\frac{1}{2}\right)^2 (2-x)e^{-\frac{x}{2}}$$

∴演算子 $\partial^2/\partial x^2$ に対する固有値は $1/4$．

1.3

$$\frac{\partial^2}{\partial x^2} e^{-\frac{x^2}{2}} = \frac{\partial}{\partial x}\left(e^{-\frac{x^2}{2}} \cdot -\frac{1}{2} \cdot 2x\right) = -x \cdot e^{-\frac{x^2}{2}} \cdot -\frac{1}{2} \cdot 2x - e^{-\frac{x^2}{2}}$$

$$\left(\frac{\partial^2}{\partial x^2} - x^2\right) e^{-\frac{x^2}{2}} = \left(x^2 e^{-\frac{x^2}{2}} - e^{-\frac{x^2}{2}} - x^2 e^{-\frac{x^2}{2}}\right) = -e^{-\frac{x^2}{2}}$$

∴固有値は -1．

1.4

$$p(x,t) = \varphi(x,t)^* \varphi(x,t)$$
$$= \{\exp(-ax^2)\exp(i\omega_1 t) + \exp(-bx^4)\exp(i\omega_2 t)\}\{\exp(-ax^2)\exp(-i\omega_1 t)$$
$$+ \exp(-b^4 x)\exp(-i\omega_2 t)\}$$
$$= \exp(-2ax^2) + \exp(-2bx^4) + \exp(-ax^2 - bx^4)\{\exp(-i(\omega_1 - \omega_2)t)$$
$$+ \exp(i(\omega_1 - \omega_2)t)\}$$

$$= \exp(-2ax^2) + \exp(-2bx^4) + 2\exp(-ax^2 - bx^4)\cos(\omega_1 - \omega_2)t$$

1.5
$$\int \psi^* \left(-\frac{\hbar^2}{2m}\frac{\partial^2}{\partial x^2}\right)\psi dx = \int \psi^* \frac{\hbar^2}{2m}\frac{1}{2}\{(k+q)^2 + k^2\}\psi dx = \frac{\hbar^2}{2m}\frac{1}{2}\{(k+q)^2 + k^2\}$$

波動関数の周期的変調により，運動エネルギーが約 $1 + q/k$ 倍に増大することがわかる．

1.6 体心立方格子に充填される最大原子半径は，立方格子の体対角長 ($\sqrt{3}a$) の 1/4 であり，1 格子あたりの原子数は 2 であることから，

$$充填率 = \left\{\frac{4}{3}\pi\left(\frac{\sqrt{3}}{4}a\right)^3 \times 2\right\}/a^3 = 0.68$$

面心立方格子では最大原子半径が立方格子の面対角長 ($\sqrt{2}a$) の 1/4，1 格子あたりの原子数は 4 であるから，

$$充填率 = \left\{\frac{4}{3}\pi\left(\frac{\sqrt{2}}{4}a\right)^3 \times 4\right\}/a^3 = 0.74$$

〔第 2 章〕

2.1
$$\tilde{\varepsilon} = \tilde{n}^2 = (n + i\kappa)^2 = n^2 - \kappa^2 + 2n\kappa i = 8 + 6i$$

より複素屈折率は $\tilde{n} = 3 + i$．

光強度が 1/10 に減衰する誘電体 A に比べ，複素屈折率の虚部が 2 倍である誘電体では，(2.5) 式より減衰は 1/100 となる．

2.2 (2.11)，(2.12) 式から導出されるように，異方性光学材料中を伝播する光波電界成分 E_x と E_y の位相差は $\varphi = k_0(n_x - n_y)l$ で表され，(2.7) 式から位相差が $\pi/2$ のとき直線偏光が円偏向に変換される．

$$\varphi = \frac{\pi}{2} = \frac{2\pi}{\lambda}(n_x - n_y)l$$

より

$$l = \frac{\lambda}{4}\frac{1}{n_x - n_y} = 1.25\ [\mu m]$$

2.3 (1)
$$\frac{A\sqrt{3.0 - E_g}}{A\sqrt{6.0 - E_g}} = \frac{4.0 \times 10^4}{8.0 \times 10^4}$$

$\therefore E_g = 2.0\ [eV]$

(2) (2.16) 式より

$$\lambda = \frac{ch}{E_g} = \frac{3.0 \times 10^8 \times 6.62 \times 10^{-34}}{2.0 \times 1.6 \times 10^{-19}} = 6.2 \times 10^{-7}\ [m]$$

2.4 (1) レーザ発振の臨界条件は，反射端面での2回の反射を経て共振器中を1往復（伝搬距離$2L$）したときの強度比が1以上であることから

$R^2 \exp\{2L(\gamma-\alpha)\} = 1$

題意より

$\exp\left\{\dfrac{L}{2}(\gamma-\alpha)\right\} = 2$

$\therefore R = \dfrac{1}{4}$

(2)

$\left(\dfrac{1}{4}\right)^2 \exp\left\{\dfrac{L}{2}(\gamma-\alpha)\right\} = 1$

および

$\left(\dfrac{1}{16}\right)^2 \exp\left\{\dfrac{L'}{2}(\gamma-\alpha)\right\} = 1$

より $L' = 2L$.
すなわち共振器長を2倍にすることにより発振条件が満たされる．

2.5 誘導放出の条件を表す (2.29) 式から

$1 + \exp\left(\dfrac{E_2 - E_{fc}}{kT}\right) < 1 + \exp\left(\dfrac{E_1 - E_{fv}}{kT}\right)$

$\therefore E_{fc} - E_{fv} > E_2 - E_1$

2.6 (2.37) 式の光増幅係数 g が，(2.36) 式で表されるレーザ発振の臨界条件を表す g_{th} に等しくなるときの J がレーザ発振の電流しきい値 J_{th} を与える．

2.7

$\dfrac{dP}{dV} = \dfrac{d}{dV} VI = \dfrac{d}{dV} V\left[I_{sc} - I_0\left\{\exp\left(\dfrac{qV}{nkT}\right) - 1\right\}\right]$

$= \left[I_{sc} - I_0\left\{\exp\left(\dfrac{qV}{nkT}\right) - 1\right\}\right] - VI_0 \dfrac{q}{nkT} \exp\left(\dfrac{qV}{nkT}\right)$

$= I_{sc} + I_0 - \left(I_0 + \dfrac{I_0 qV}{nkT}\right)\exp\left(\dfrac{qV}{nkT}\right) = 0$

より

$\exp\left(\dfrac{qV_m}{nkT}\right) = \left(\dfrac{I_{sc}}{I_0} + 1\right) \Big/ \left(1 + \dfrac{qV_m}{nkT}\right)$

上記の関係式を

$P_m = V_m I(V = V_m) = V_m\left[I_{sc} - I_0\left\{\exp\left(\dfrac{qV_m}{nkT}\right) - 1\right\}\right]$

に代入することにより (2.45) 式が導出される．

〔第3章〕

3.1 (1)
$$I = e\frac{\omega}{2\pi} = 1.6 \times 10^{-19} \times \frac{2.6 \times 10^{15}}{2\pi} = 6.6 \times 10^{-5} \text{ [A]}$$

(2) SI 単位系:$\mu = IS = I\pi r^2 = 6.6 \times 10^{-5} \times 3.14 \times (0.2 \times 10^{-9})^2 = 8.3 \times 10^{-24}$ [Am^2]
MKSA 単位系:$\mu = \mu_0 IS = 4\pi \times 10^{-7} \times 8.3 \times 10^{-24} = 1.0 \times 10^{-9}$ [Wb·m]

3.2 (1) シュレディンガー方程式の解として波動関数 $\Phi(\phi) = A\exp(\pm im\phi)$ (A:定数) が得られるが,周期性 $\Phi(\phi) = A\exp(\pm im\phi) = A\exp\{\pm im(\phi + 2\pi)\}$ から,m は整数値をとることが要請される.

(2)
$$\int_0^{2\pi} \Phi^*\Phi d\phi = \int_0^{2\pi} A\exp(\pm im\phi^*)A\exp(\pm im\phi)d\phi = A^2 2\pi = 1$$

$$\therefore \Phi(\phi) = \frac{1}{\sqrt{2\pi}}\exp(\pm im\phi)$$

3.3
$$S = \frac{1}{2} \times 3 = \frac{3}{2}, \quad L = 3 + 2 + 1 = 6$$

電子数が f 軌道に収容しうる電子数(=14)の 1/2 であるから,

$$J = L - S = 6 - \frac{3}{2} = \frac{9}{2}$$

3.4 (1) 3.1.3 項に示されるように,M_J をとる確率は

$$p(M_J) = A\exp\left(-\frac{g\mu_B M_J H}{k_B T}\right)$$

と表される(A:定数).

$$\exp\left(-\frac{g\mu_B H}{k_B T}\right) = x$$

とおくと,題意より

$$p(1) = A\exp\left(-\frac{g\mu_B H}{k_B T}\right) = Ax = \frac{4}{7}$$

$$p(0) = A\exp(0) = A$$

$$p(-1) = A\exp\left(\frac{g\mu_B H}{k_B T}\right) = \frac{A}{x}$$

確率和が 1 であることから

$$p(1) + p(0) + p(-1) = Ax + A + \frac{A}{x} = \frac{4}{7x}\left(x + 1 + \frac{1}{x}\right) = 1$$

よって $x = 2$($x < 0$ の解は不適),$A = 4/7x = 2/7$

$$\therefore p(0) = \frac{2}{7}, \quad p(-1) = \frac{1}{7}$$

(2) 温度 = $T/2$ より

$$p(1) = A\exp\left(-\frac{g\mu_B H}{k_B(T/2)}\right) = Ax^2 = 4A$$

$$p(0) = A\exp(0) = A$$

$$p(-1) = A\exp\left(\frac{g\mu_B H}{k_B T}\right) = \frac{A}{x^2} = \frac{A}{4}$$

$$p(1) + p(0) + p(-1) = 4A + A + \frac{A}{4} = 1 \text{ より } A = \frac{4}{21}$$

$$\therefore p(1) = \frac{16}{21}, \quad p(0) = \frac{4}{21}, \quad p(-1) = \frac{1}{21}$$

3.5

$$E_{\uparrow\uparrow} = \int \{\varphi_a(r_1)\varphi_b(r_2) - \varphi_a(r_2)\varphi_b(r_1)\}^* H_{12} \{\varphi_a(r_1)\varphi_b(r_2) - \varphi_a(r_2)\varphi_b(r_1)\} dV$$

$$E_{\uparrow\downarrow} = \int \{\varphi_a(r_1)\varphi_b(r_2) + \varphi_a(r_2)\varphi_b(r_1)\}^* H_{12} \{\varphi_a(r_1)\varphi_b(r_2) + \varphi_a(r_2)\varphi_b(r_1)\} dV$$

$$E_{\uparrow\downarrow} - E_{\uparrow\uparrow} = 2\int [\{\varphi_a(r_1)^* \varphi_b(r_2)^* H_{12} \varphi_a(r_2)\varphi_b(r_1)\} + \{\varphi_a(r_2)^* \varphi_b(r_1)^* H_{12}\varphi_a(r_1)\varphi_b(r_2)\}] dV$$

上式は交換積分項と呼ばれ,正の値をとるときにはスピン平行状態すなわち強磁性的なスピン状態が基底状態となる.

3.6

$M//[100]\cdots\alpha_1=1, \alpha_2=0, \alpha_3=0$ より $E_{a,[100]}=0$
$M//[110]\cdots\alpha_1=1/\sqrt{2}, \alpha_2=1/\sqrt{2}, \alpha_3=0$ より $E_{a,[110]}=K_1/4$
$M//[111]\cdots\alpha_1=1/\sqrt{3}, \alpha_2=1/\sqrt{3}, \alpha_3=1/\sqrt{3}$ より $E_{a[111]}=K_1/3+K_2/27$
$K_1>0$ のとき $E_{a,[100]}<E_{a,[110]}$ であるから [111] 方向が容易方向となるためには $E_{a,[111]}<E_{a,[100]}$ であればよい.

$$\therefore K_1 < -\frac{K_2}{9}, \quad K_2 > -4.5 \times 10^5 \ [\text{J/m}^3]$$

3.7 磁性体単位表面積あたりの静磁エネルギーは $E_d = Ad$ (A:定数),磁壁エネルギーは $E_w = B/d$ (B:定数) (3.1.4.c 項参照).最小エネルギー状態の磁区幅は

$$\frac{\partial}{\partial d}(E_d + E_w) = 0$$

より

$$d = \sqrt{\frac{B}{A}}$$

このときエネルギーは

$$E_{\min} = A\sqrt{\frac{B}{A}} + B\sqrt{\frac{A}{B}} = 2\sqrt{AB} = 10^{-3}\ [\mathrm{J/m^2}]$$

磁区幅2倍のときのエネルギーは

$$E = 2A\sqrt{\frac{B}{A}} + B\frac{\sqrt{A/B}}{2} = 2.5\sqrt{AB} = 2.5\times 10^{-3}\ [\mathrm{J/m^2}]$$

3.8

$$\int_{-H_m}^{+H_m}(M_1-M_2)dH = \int_{-H_m}^{+H_m}\eta(H_m^2-H^2)dH = \eta\left|H_m^2 H - \frac{H^3}{3}\right|_{-H_m}^{+H_m} = \frac{4\eta}{3}H_m^3$$

3.9

$$<K> = \frac{K}{\sqrt{N}} = \frac{K}{\sqrt{(L/D)^3}} = \frac{KD^{\frac{3}{2}}}{(A/<K>)^{\frac{3}{4}}}$$

より

$$<K> = \frac{K^4}{A^3}D^6$$

3.10 (1)

$$v = d\times d\times 4\times 10^{-27}\ [\mathrm{m^3}] = \frac{60 k_B T}{K_u} = \frac{60\times 4.1\times 10^{-21}\ [\mathrm{J}]}{2.46\times 10^6\ [\mathrm{J/m^3}]}$$

より $d = 5$ [nm].

(2)

$$H = \frac{2K_u}{M_s} = \frac{2\times 2.46\times 10^6}{0.98} = 5.0\times 10^6\ [\mathrm{A/m}]$$

3.11 $H = +H_3$ のとき,磁界は両層の保磁力より大きいため,各層の磁化が磁界方向に揃った平行磁化状態となり抵抗値は R_L となる.この状態から H が減少し $-H_{c2}$ 以下になると片層の磁化が反転した反平行磁化状態(抵抗値 R_H)となり,$-H_{c1}$ 以下になると両層の磁化が反転した平行磁化状態(抵抗値 R_L)となる.よって以下のような抵抗変化のグラフとなる.

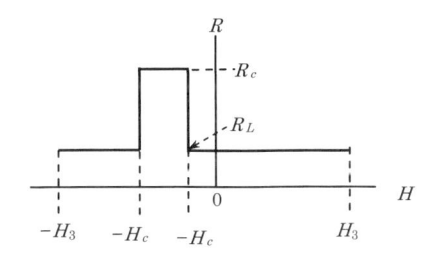

[第4章]

4.1 $t>0$ では (4.1) 式の右辺はゼロとなるため, I は以下のように与えられる.

$$I(t) = A\exp\left(-\frac{tR}{L}\right)$$

$t=0$ での磁束の連続性より $\Phi(0)=LA=SB_0$ の関係が成り立つため,

$$A = \frac{fSB_0}{L}$$

となる.

4.2 図4.5の場合, (4.9) 式は以下のように書き表せる.

$$\frac{d^2H_z}{dx^2} = \frac{1}{\lambda^2}H_z$$

この一般解は

$$H_z = A_1\exp\left(\frac{x}{\lambda}\right) + A_2\exp\left(-\frac{x}{\lambda}\right)$$

で与えられる. 境界条件 $H_z(x=\pm d)=H_0$ より係数 A_1 と A_2 が求まり, (4.10) 式が得られる. また, (4.10) 式より超伝導電流は y 成分をもち

$$j_y(x) = -\frac{dH_z}{dx}$$

で与えられる.

4.3 図4.8 (a) の回路のインピーダンスは

$$Z = \frac{i\omega l_k}{1+i\omega l_k\sigma_n} \approx i\omega l_k + \omega^2 l_k^2 \sigma_n$$

で与えられる. ただし, 第2項は $\omega l_k \ll 1/\sigma_n$ の条件での近似である. したがって抵抗 r は (4.15) 式となる.

4.4 (4.23) 式で $C_J=0$ の場合には

$$dt = \frac{d\theta}{i_B - \sin\theta}$$

が得られる. ここで, 変数 $x=\tan(\theta/2)$ を導入すると方程式

$$\frac{dt}{dx} = \frac{2}{i_B x^2 - 2x + i_B}$$

が得られる. 上式の解は

$$\frac{t}{2}\sqrt{i_B^2-1} = \tan^{-1}\left(\frac{i_B x-1}{\sqrt{i_B^2-1}}\right)$$

となる. 変数をもとに戻すと

$$\theta = 2\tan^{-1}\left\{\frac{1}{i_B} + \sqrt{1-\frac{1}{i_B^2}}\tan\left(\sqrt{i_B^2-1}\,\frac{t}{2}\right)\right\}$$

が得られる．上式を微分すれば（4.27）式が得られる．

また，直流電圧 v_{dc} は位相 θ が 2π 進む時間を T とすれば，$v_{dc} = 2\pi/T$ で与えられる．θ に対する解から時間 T は $T = 2\pi/(i_B^2 - 1)^{1/2}$ で与えられることがわかる．したがって，(4.26) 式が得られる．

4.5 接合を流れる電流は

$$I = j_0 \int_{-\frac{L}{2}}^{\frac{L}{2}} \sin\left(\frac{-2\pi(d + 2\lambda)}{\Phi_0} B_0 x + \alpha\right) dx = j_0 L \frac{\sin(\pi\Phi/\Phi_0)}{\pi\Phi/\Phi_0} \sin\alpha$$

と与えられる．したがって，電流 I の最大値は $\sin\alpha$ が 1 または -1 の場合であり，(4.32) 式で与えられる．

4.6 電圧がゼロの場合には (4.42)，(4.43) 式より

$$I_B = I_0(\sin\theta_1 + \sin\theta_2) = 2I_0 \sin\left(\frac{\theta_1 + \theta_2}{2}\right)\cos\left(\frac{\theta_1 - \theta_2}{2}\right) = 2I_0 \cos\left(\frac{\pi\Phi_e}{\Phi_0}\right)\sin\left(\frac{\theta_1 + \theta_2}{2}\right)$$

の関係式が得られる．I_B の最大値は $\sin\{(\theta_1 + \theta_2)/2\}$ が 1 または -1 の場合であり，(4.44) 式が得られる．

4.7 図 4.20 において，検出コイルと入力コイルからなるループ内の磁束はゼロに保たれるので

$$A_p B_s - J(L_p + L_i) = 0$$

の関係が成り立つようにループ電流 J が流れる．SQUID に伝達される磁束は $\Phi_s = MJ$ で与えられ，(4.47) 式が得られる．

4.8 図 4.21 (c) から以下の関係が得られる．

$$\Phi_f = A \frac{M_f}{R_f}(\Phi_s - \Phi_f)$$

したがって，

$$\frac{\Phi_f}{\Phi_s} = \frac{1}{1 + (R_f/AM_f)}$$

が得られる．ループゲイン $A(f)$ の表式を代入すれば (4.48) 式が得られる．(4.49) 式と (4.50) 式も同様にして得られる．

4.9 一次微分型では，検出コイル 1 個あたりのインダクタンスを L_p，面積を A_p とすれば

$$A_p(B_n + B_s) - A_p B_n - J(L_p + L_p + L_i) = 0$$

の関係が成り立つ．このため，

$$J = \frac{A_p B_s}{2L_p + L_i}$$

となり，信号磁束は $\Phi_s = MJ$ で与えられる．二次微分型の場合も同様にして求められる．

索　引

数字・欧文

$1/f$ ノイズ　125
1 イオン異方性　62
2 重絶縁型 EL ディスプレイ　21
2 重ヘテロ接合　22
3d 遷移金属　52
4f 希土類原子　52

BCS 理論　96
CCD 型　35
dc SQUID　117
down スピン　50
EL デバイス　21
FLL 回路　124, 126
i 層　34
Landau-Lifshitz-Gilbert 方程式　72
MKID　122
MOS 型　35
pin フォトダイオード　34
rf SQUID　116
RSJ モデル　108
SFQ 回路　132
SIS 型接合　105
SIS ミキサ　124
SQUID　115
SQUID センサ　124
STN 構造　29
up スピン　50

ア　行

アクティブマトリックス方式　30
アバランシェ・フォトダイオード　34

イオン結合　6
位相差　107
一次微分型のグラディオメータ　129
異方性磁気抵抗効果　86
異方的交換相互作用　62

渦電流損　74

永久電流　96
液晶ディスプレイ　28
エネルギー・ギャップ　97
エネルギー帯図　106
エラー磁束　128

音響光学型光変調器　43

カ　行

開殻　51
カイネティック・インダクタンス　102, 121
角運動量の量子化　48
角運動量量子数　49
角型ヒステリシス　69
カー効果　41
活性層　22
カールキストの式　82
完全導電性　94
完全反磁性　98

軌道磁気モーメント　47
擬フェルミ準位　24
強磁性　57
共鳴損失　75
共有結合　6
巨大磁気抵抗効果　86

金属系超伝導体　95
金属結合　6

グース・ヘンシェンシフト　40
屈折率楕円体　14
クーパーペア　96
クラッド　39
クラッド層　22
グラディオメータ　129
グレーテッド・インデックス型　41
クロスニコル　42
クーロンポテンシャル場　49

形状磁気異方性　63
結晶磁気異方性　62

コア　39
交換積分　60
交換相互作用　60
格子整合　22
高周波損失　103
抗磁力　71
高透磁率材料　75
交流ジョセフソン効果　107
混合状態　101

サ 行

最高占有軌道　31
最低空軌道　31
最密六方格子　7
撮像デバイス　35
酸化物系超伝導体　95

磁界検出コイル　125
磁化回転　68
磁化困難軸　62
磁化転移幅　85
磁化容易軸　62
磁気記録媒体　81
磁気結合回路　124, 125
磁気シールド　129

磁気ひずみ　65
磁気ひずみ定数　65
磁気ヘッド　81
磁気モーメント　46
磁極　65
磁気量子数　49
磁区　65
自己発振　110
磁性体ランダムアクセスメモリ　89
自然共鳴周波数　75
磁束ノイズ　125
磁束の量子化　100
磁壁　65
磁壁移動　68
磁壁ピニング型　80
縞状磁区構造　66
ジャイロ磁気定数　71
シャピロステップ　112
遮蔽電流　101
受光デバイス　33
主量子数　49
準粒子　97
準粒子トンネル電流　122
常磁性　56
状態遷移確率　16
常伝導状態　95
常伝導トンネル電流　106
ジョセフソン接合　105
ジョセフソン接合ミキサ　124
ジョセフソン電流　107
ジョセフソンの侵入深さ　111
初透磁率　75

垂直磁気記録方式　82
垂直横モード　28
水平横モード　28
ステップ・インデックス型　41
ステブラー・ロンスキー効果　38
ストークスシフト　18
ストーナー条件　61
スネークの限界　75
スネルの法則　40

スピネル構造 78
スピン 46
スピン角運動量 48
スピン軌道相互作用 53
スピン軌道波動関数 58
スピン磁気モーメント 48
スピントランスファー効果 90
スピントロニクス 86
スピンバルブ 88
スピン分極率 89

静磁気エネルギー 68
生体磁気計測 130
ゼロ電圧電流 111
閃亜鉛構造 8
線記録密度 82
センダスト 76

ソフト磁性材料 75

タ　行

第一種超伝導体 100
第一種臨界磁界 100
体心立方格子 6
第二種超伝導体 100
第二種臨界磁界 100
ダイヤモンド構造 7
太陽電池 37
楕円偏光 12
縦モードスペクトル 27
多モード発振状態 27
タンデム型太陽電池 38
端面発光型 24

超交換相互作用 78
超伝導状態 94
超伝導体 94
超伝導単一磁束量子回路 132
超伝導デバイス 94
超伝導電子対 96
超伝導トンネル電流 107

直接励起 115
直線偏光 12
直流ジョセフソン効果 107

電圧-磁束特性 119
電圧標準 123
電気光学型光変調器 41
電気分極 13
電子状態密度 4

等電子トラップ 20
ドナー アクセプター対発光 20
トラップ密度 82
トンネル型磁気抵抗効果 88
トンネル効果 106

ナ　行

ナノワイア 121

二次微分型のグラディオメータ 129
入力コイル 126
ニュークリエーション型 80
二流体モデル 102

熱アシスト磁気記録 86
ネマティック液晶 28

ハ　行

ハイゼンベルグの強磁性理論 58
白色雑音 125
薄膜トランジスタ 30
パターン媒体 86
発光ダイオード 22
パッシブマトリックス方式 30
波動関数 1
ハード磁性材料 79
ハードディスク装置 81
ハーフメタル 90
パーマロイ 76
ハミルトン演算子 2

反磁界　63
反磁界係数　63
反転分布状態　25
バンド間遷移　16
半波長電圧　43

光吸収係数　16
光集積回路　41
光増幅係数　26
光ファイバー　39
非晶質強磁性金属　77
ヒステリシス　117
ヒステリシス損　74
比透磁率　11
比誘電率　11
表面抵抗　104

ファブリ・ペロー共振器　26
ファン・デル・ワールス結合　6
フェライト　78
フェリ磁性体　79
フェルミ準位　4
フェルミ面　4
フォトダイオード　34
フォトトランジスタ　35
フォトン・アシスティッド・トンネル効果　113
複素屈折率　11
複素透磁率　73
複素誘電率　11
フラウンホーファーパターン　112
フラクソイド　117
　——の量子化　117
ブラッグ回折条件　44
プランク定数　2
ブロッホ電子　5
分岐干渉型光変調器　43
分子磁界　57
フントの法則　52
分布帰還型レーザ　27
分布反射型レーザ　27

閉殻　51
変調電圧　119
遍歴電子　60

ボーア磁子　48
ホイスラー合金　90
方向性電磁鋼板　76
ポッケル効果　41
ホッピング伝導　31

マ　行

マイクロカロリメータ　120
マイクロ波アシスト磁気記録　86
マイクロ波フィルタ　122
マイクロマグネティクス　67
マイスナー効果　98
マグネトメータ　129
マッカンバーパラメータ　109

ミリ波・サブミリ波検出器　123

面心立方格子　7
面内磁気記録方式　82
面発光型　24

ヤ　行

有機ELディスプレイ　30
有効ボーア磁子数　55
有効面積　125
誘電率テンソル　15
誘導磁気異方性　63
誘導放出　24

ラ　行

ランデのg因子　54

量子井戸レーザ　28
量子化条件　101
量子磁束　101

臨界温度　94
臨界磁界　100
臨界電流　95

ルミネセンス　18

励起子　18
レート方程式　25

ロンドンの侵入長　98
ロンドン方程式　97

著者略歴

まつやま きみ ひで
松山 公秀

1954年 熊本県に生まれる
1979年 九州大学大学院工学研究科修士課程修了
現 在 九州大学大学院システム情報科学研究院
　　　　教授・工学博士

えん ぷく けい じ
圓福 敬二

1954年 大分県に生まれる
1981年 九州大学大学院工学研究科博士課程修了
現 在 九州大学大学院システム情報科学研究院
　　　　教授・工学博士

電気電子工学シリーズ6
機能デバイス工学　　　　　　定価はカバーに表示

2014年9月20日　初版第1刷

著　者　松　山　公　秀
　　　　圓　福　敬　二
発行者　朝　倉　邦　造
発行所　株式会社　朝　倉　書　店
　　　　東京都新宿区新小川町6-29
　　　　郵便番号　162-8707
　　　　電　話　03(3260)0141
　　　　FAX　03(3260)0180
　　　　http://www.asakura.co.jp

〈検印省略〉

Ⓒ 2014〈無断複写・転載を禁ず〉　　　新日本印刷・渡辺製本

ISBN 978-4-254-22901-1　C 3354　　　Printed in Japan

JCOPY　＜(社)出版者著作権管理機構　委託出版物＞

本書の無断複写は著作権法上での例外を除き禁じられています。複写される場合は，そのつど事前に，(社)出版者著作権管理機構(電話 03-3513-6969，FAX 03-3513-6979，e-mail: info@jcopy.or.jp)の許諾を得てください。

〈電気電子工学シリーズ〉

岡田龍雄・都甲 潔・二宮 保・宮尾正信
[編集]

JABEEにも配慮し，基礎からていねいに解説した教科書シリーズ

[シリーズ既巻]

1	電磁気学	岡田龍雄・船木和夫	192頁
2	電気回路	香田 徹・吉田啓二	264頁
4	電子物性	都甲 潔	164頁
5	電子デバイス工学	宮尾正信・佐道泰造	120頁
6	機能デバイス工学	松山公秀・圓福敬二	160頁
7	集積回路工学	浅野種正	176頁
9	ディジタル電子回路	肥川宏臣	180頁
11	制御工学	川邊武俊・金井喜美雄	160頁
12	エネルギー変換工学	小山 純・樋口 剛	196頁
13	電気エネルギー工学概論	西嶋喜代人・末廣純也	196頁
17	ベクトル解析とフーリエ解析	柁川一弘・金谷晴一	180頁